FREE TO FOCUS

〔美〕迈克尔·海厄特（MICHAEL HYATT）——著
许芳 王漫——译

深度专注力

管理精力和时间的9种方法

A TOTAL PRODUCTIVITY SYSTEM TO ACHIEVE MORE BY DOING LESS

机械工业出版社
CHINA MACHINE PRESS

本书介绍了9种提高专注力的方法，通过不断践行这9种方法，从而高效管理自己的时间并提升工作效率。这9种方法分别是规划、评估、恢复、删除、自动化、授权、整合、设计和主动。通过这9种方法的练习，你将重新定义自己的工作，对待工作更从心所欲、游刃有余。你的人生将因此获得真正的成功，从而拥有健康、良好的人际关系和其他生命中更加珍贵的东西。

图书在版编目（CIP）数据

深度专注力：管理精力和时间的9种方法/（美）迈克尔·海厄特（Michael Hyatt）著；许芳，王漫译. —北京：机械工业出版社，2019.12（2024.9重印）

书名原文：Free to Focus：A Total Productivity System to Achieve More by Doing Less

ISBN 978-7-111-64612-9

Ⅰ.①深… Ⅱ.①迈… ②许… ③王… Ⅲ.①注意-能力培养-通俗读物 Ⅳ.①B842.3-49

中国版本图书馆CIP数据核字（2020）第029524号

机械工业出版社（北京市百万庄大街22号　邮政编码100037）

策划编辑：坚喜斌　　责任编辑：坚喜斌　刘林澍

责任校对：梁　倩　　责任印制：单爱军

保定市中画美凯印刷有限公司印刷

2024年9月第1版·第6次印刷

145mm×210mm·7.875印张·1插页·141千字

标准书号：ISBN 978-7-111-64612-9

定价：49.00元

电话服务	网络服务
客服电话：010-88361066	机　工　官　网：www.cmpbook.com
010-88379833	机　工　官　博：weibo.com/cmp1952
010-68326294	金　　书　　网：www.golden-book.com
封底无防伪标均为盗版	机工教育服务网：www.cmpedu.com

本书赞誉

“持之以恒的行动是实现梦想的桥梁。大多数人碌碌无为的原因之一，是从未管理好自己的专注力，从未掌控聚焦的力量。没有人比迈克尔·海厄特在此方面更有洞察力。在其新书《深度专注力：管理精力和时间的9种方法》中，他设计出一套全新的、易于遵循的体系来驾驭这一力量。”

托尼·罗宾斯（Tony Robbins），《纽约时报》畅销书作家第一名，
《不可动摇》（*Unshakeable*）作者

“迈克尔·海厄特是美国生产力领域的顶尖专家之一，真正的行家！这就是为什么我确信你可以完全相信你在《深度专注力：管理精力和时间的9种方法》中的发现，它会促使你更好地利用时间，成为一个更具远见的自己。”

戴夫·拉姆齐（Dave Ramsey），
畅销书作家，美国全国联合电台节目主持人

“被堆积如山的日常事务掩埋，与自己宏大的目标和最重要的事情渐行渐远，我的这种感受你一定能够体会。迈克尔·海厄特创造了一个真正高效的体系，帮助我们找到解决之道。《深度专注力：管理精力和时间的9种方法》一定不会让你失望。”

路易斯·豪斯（Lewis Howes），《纽约时报》畅销书作家，
《伟大的学校》（*The School of Greatness*）作者

“别盲目狂奔了！除非你追求的是正确的事情，否则仅仅跑得快并不能让你到达你想去的地方。《深度专注力：管理精力和时间的9种方法》提供了一个实用、灵活的框架，让你可以专注在最重要的事情上，让你每天的生活与工作卓有成效。迈克尔·海厄特已经帮助成千上万的人重新掌控自己的生活节奏，对你也将同样奏效。”

托德·亨利（Todd Henry），作家，
《偶然的创意》（*The Accidental Creative*）作者

“忙碌本身没有任何意义，有意义的是始终坚持如一地执行真正重要的事情。这本书会告诉你如何做到。”

卡尔·纽波特（Cal Newport），《纽约时报》畅销书作家，
《深度工作》（*Deep Work*）和
《数字极简主义》（*Digital Minimalism*）作者

“我们经常被告知，成功需要付出极其辛勤的努力和无休止的加班加点。然而，当我们遇到真正成功的人士，相比于其他人，他们似乎都具备在更短时间内完成更多事情的能力。迈克尔·海厄特在他的新书《深度专注力：管理精力和时间的9种方法》中，揭示了这群高效人士的秘密。有了他行之有效的方法和研究，你会走得比你想象的更快、更远，并且表现得更好。”

斯基普·普里查德（Skip Prichard），OCLC，Inc. 首席执行官，
《华尔街日报》畅销作家，
《错误之书：改变未来的9个秘密》
（*The Book of Mistakes：9 Secrets to Creating a Sucessful Future*）作者

“我认识迈克尔很久了，这本书无疑是他最好的作品之一。他不仅给了我们一个装满工具的大箱子，还提醒我们为什么需要这些工具，并且鼓励我们找到合适的人去做合适的事。”

鲍勃·戈夫（Bob Goff），《纽约时报》畅销书作家，
《爱是如此》（*Love Does and Everybody Always*）作者

“归根结底，你在生活每个领域所创造的一切，都是由你的专注力所决定的。《深度专注力：管理精力和时间的9种方法》可谓是一本如何获得生活全方位专注能力的用户手册，书中大部分全新的、甚至可能是违反直觉的观点，来自于与迈克尔合作过的数千名客户的真实数据。阅读本书可以帮助找回你的专注力。”

杰夫·沃克（Jeff Walker），《纽约时报》畅销书作家，
《浪潮式发售》（*Lanuch*）作者

“迈克尔·海厄特是我认识的最卓越的领导者之一，我很高兴看到他的又一力作《深度专注力：管理精力和时间的9种方法》问世。迈克尔的实证研究成果及其应用，以及他分别作为成熟企业和初创企业领导者的成功经验，汇集成这本充满洞见和实践指导价值的新书。领导者无一不在寻找可靠的体系帮助他们提升在办公室或家庭中的领导力，《深度专注力：管理精力和时间的9种方法》提供了智慧的解决方案。”

约翰·C. 麦克斯韦尔（John C. Maxwell），
作家、演说家、领导力专家

“这些年来，我和朋友们就‘迈克尔·海厄特是如何做到的？’这一话题做过很多交流，言下之意是‘在享受生活和家庭的同时，海厄特还能如此高产地达成众多目标’。幸运的是，我们对此不再存疑，海厄特已经在这本佳作中对此以及其他问题做出了回答。”

乔恩·阿科夫（Jon Acuff），《纽约时报》畅销书作家，
《要搞定，不要完美》（*Finish: Give Yourself the Gift of Done*）作者

“如果你需要一个可以通向成功的操作体系，本书就是。迈克尔的建议高效、简洁而又全面完整，它可以帮助任何人安排好优先顺序，以便完成更多对他们来说更重要的事情。”

克里斯·吉尔博（Chris Guillebeau），作家，
《魔力创业》（*Side Hustle and The $100 Starup*）作者

“加班加点是普遍存在的对个人的蓄意迫害。迈克尔·海厄特经过充分研究为人们提供了另外一种选择，让我们在自由呼吸、快乐玩耍和维系人际网络的同时，仍能出色地完成工作。这本书恢复了我们内心的平静，使得工作和生活更有价值。”

丹·米勒（Dan Miller），《纽约时报》畅销书作家，
《献给你热爱的工作48天》（*48 Days to the Work You Love*）作者

“《深度专注力：管理精力和时间的9种方法》是一本很棒的书。运用迈克尔·海厄特在本书中的洞见，将有助于领导

者、高管、教师、教练以及父母变得更有效率和更具目标。书中的框架和相关的行动步骤为我们获取更大的自由和更高的生产力指明了清晰的路径。”

蒂姆·塔索普洛斯（Tim Tassopoulos），
Chick-fil-A，Inc. 总裁兼首席运营官

“在阅读本书之前，不要接手其他项目、不要应许其他机会或者处理其他任务。海厄特的《深度专注力：管理精力和时间的9种方法》是提升生产力的新框架，帮助我们找出高回报的关键工作，并保持在这些重要项目上取得重大成果所需的专注力。”

艾米·波特菲尔德（Amy Porterfiled），网络营销主持人，
《轻松博客》（*Made Easy Podcast*）作者

“如果你只顾低头拉车，无暇抬头看路，深陷于‘待办事项清单’的沼泽中，那你应该看看迈克尔的这本新书。迈克尔·海厄特在简化复杂性和创造简单实用的解决方案方面拥有罕见的天赋。《深度专注力：管理精力和时间的9种方法》交付的是真正的结果。”

哈尔·艾尔罗德（Hal Elrod），国际畅销书作家，
《早起的奇迹》（*The Miracle Morning*）作者

“虽然一天有1,440分钟，但一经消失，就再也找不回来了。迈克尔·海厄特的新著堪称生产力提升指南和行之有效的

建议和工具，最大限度地释放了你的精力，确保了专注力和结果的平衡。”

凯文·克鲁斯（Kevin Kruse），《纽约时报》畅销书作家，《高效15法则》（*15 Secrets Successful People Know About Time Management*）作者

“迈克尔·海厄特提升生产力的有效实践方法，不仅是一本奇思妙想的战术指南，还是可以彻底改变你生活的战略思维升级；不是为了让你完成更多的事情，而是依循你希望的方向，完成正确的事情。”

露丝·苏库普（Ruth Soukup），《纽约时报》畅销书作家，《心怀敬畏》（*Do It Scared*）作者

“就像伟大的故事在写就之前需要深思熟虑一样，伟大的人生也是如此。迈克尔教会了我们用一个框架来思考和规划我们的生活，以度过毫无遗憾的人生。这是一本超棒的书。”

唐纳德·米勒（Donald Miller），《纽约时报》畅销书作家，StoryBrand创始人兼首席执行官

“迈克尔·海厄特将最佳研究成果与实践步骤巧妙融合，以帮助人们最终理解对自己最重要的事情，并通过专注的学习和投入从根本上提高生产力。书中大量真实案例的实践应用所取得的非凡成就令人信服。而我也为运用书中所学做好了充分准备！”

伊恩·摩根·克伦（Ian Morgan Cron），畅销书作家，《回归自我之路》（*The Road Back to You*）作者

“迈克尔·海厄特旨在撰写一本让你不用焦头烂额也能创造自由和财富的指南。在本书阅读结束时，你应该能够在一个没有紧急待办事项、没有截止日压力、工作时间即可完成所有任务的状态下工作。海厄特传授的不仅是方法，更是他的亲身经历。”

布鲁克·卡斯蒂略（Brooke Castillo），
生活教练学校创始人

“与领导者打交道的经历使我确信，聚焦和专注的能力从未像今天这样受到关注。在今天‘即刻回应’的环境中，专注力就是我们大多数人改变游戏规则的利器。在过去的20年里，我观察到作为一家大型组织的首席执行官、企业家、作家和教练，迈克尔具有的极强的专注力。这本书一定能帮助你提升生产力！”

丹尼尔·哈卡维（Daniel Harkavy），
Building Champions 首席执行官和执行教练，
畅销书《生命向前》（*Living Forward*）的合著者（与迈克尔·海厄特合著）

“在所有你想熟练掌握的提升效率和达成结果的技能中，专注力是绝对的王者。迈克尔·海厄特设计的卓越框架能够令专注力达到一个至高的水平。《深度专注力：管理精力和时间的9种方法》步骤明确、操作性强且一劳永逸。就像我一样，你将发现自己也会情不自禁地一遍又一遍重读这本经典之作。”

杰夫·桑德斯（Jeff Sanders），演说家、作家，
《早起魔法》（*The 5 AM Miracle*）作者

“身处注意力被高度分散的世界，每个人都对如何提升生产力有着自己的看法，但几乎没有谁有合理的科学体系作为依据。本书不仅引人入胜、鼓舞人心，并且有翔实的数据支撑。在这个似乎有更多事情要完成，但时间却比以往任何时候都稀缺的时代，《深度专注力：管理精力和时间的9种方法》是帮助我们实现重要目标，腾出时间专注于最重要事情的指路明灯。”

肖恩·史蒂文森（Shawn Stevenson），国际畅销书作家，
《这本书能让你睡得好》（*Sleep Smarter*）作者

“迈克尔·海厄特将其多年教授个人效率提升的心得汇成此书。当我阅读《深度专注力：管理精力和时间的9种方法》时，脑海里曾数次闪现着令我不安的稻草人谬误[一]，但在随后的章节中，迈克尔总能一针见血地消除我的抗拒，并成功让我信服。在当今世界，提升生产力需要做出艰难的选择，而本书为你提供了选择的工具。”

大卫·斯帕克斯（David Sparks），播客主持人、作家、博主、Mac用户

“当我们在奋斗时，总希望拥有更多的时间，完成更多的事情！我喜欢迈克尔的新著，它不是试图在本就拥挤的行程中再强

[一] 稻草人谬误：是指在论辩中有意或无意地歪曲理解论敌的立场以便能够更容易地攻击论敌，或者回避论敌较强的论证而攻击其较弱的论证。——译者注

塞进点什么，而是辅以事半功倍的策略，以大量的研究颠覆了关于生产力的传统观点。如果你一直被时间压得喘不过气来，但又希望更事半功倍地解决问题，就请马上开始阅读本书吧！”

斯图·麦克拉伦（Stu McLaren），The Tribe Course 创始人

“如果有人告诉你，有一套体系不仅可以让你完成更多工作，还能让你有更多的时间回归生活，我想你的回答一定是：‘太好了，请告诉我。’迈克尔·海厄特把他经过研究、测试的成果教授给成千上万的人，并通过《深度专注力：管理精力和时间的9种方法》向我们展示如何抽离忙碌、拥抱美好。”

肯·科尔曼（Ken Coleman），播客主持人，
《相邻原则》（*The Proximity Principle*）作者

“迈克尔·海厄特新书《深度专注力：管理精力和时间的9种方法》中的每一页都价值不菲。对我而言，最大的顿悟是说‘不’的力量，这可以说是改变认知的顿悟，即每当我对一件事说‘是’，其实是对其他的事情说‘不’。本书让我看到迈克尔·海厄特对生产力提升的洞见与激情。”

约翰·李·杜马斯（John Le Dumas），播客主持人、企业家

“迈克尔·海厄特这本关于优化生产力和实现伟大目标的杰作，包含准确理解达成结果的体系，精准甄选对公司发展最具影响的项目或关键活动。我最喜欢这本书的一点是，它符合生活的本身要义，亦因此这本书与任何人、任何行业都息息相关。

毫无疑问，这是迈克尔·海厄特迄今为止最好的一本书！”

乔希·阿克斯（Josh Axe），DrAxe.com 创始人，
作家，Ancient Nutrition Company 首席价值官

“这是我读过的最好的提高个人成产力的书之一。《深度专注力：管理精力和时间的9种方法》是取得个人和事业成就的制胜法宝。”

迈克·瓦尔迪（Mike Vardy），效率战略家，TimeCrafting 创始人

“我超爱这本书！迈克尔·海厄特作为领域专家、企业创始人以及企业高管的成功经验，已经证明这套体系在提升生产力领域的价值。《深度专注力：管理精力和时间的9种方法》不是一套秘笈，而是一个已经被实证研究验证的体系，一个可以帮助你在最重要的项目上获得牵引并取得实际进展的体系。我强烈推荐！”

史蒂文·罗宾斯（Stever Robbins），Get-it-Done Groups 创始人，
《办事利落—有效的窍门帮你做到事半功倍》
（*Get-It-Done Guy's 9 Steps to Work Less and Do More*）作者

“每当我听到关于提升生产力的新话题，我便会问：‘迈克尔·海厄特对此做过研究吗？’作为成千上万名学习过《深度专注力：管理精力和时间的9种方法》课程的人之一，我很自豪地说迈克尔就是我在生产力提升领域认定的权威。”

埃里克·费舍尔（Erik Fisher），播客主持人，
《人生远不止待办清单》（*Beyond the To-Do List*）作者

前言　步入专注

到最后，你的人生，不过是你曾专注的所有事情的总和。

——奥利弗·布克曼（Oliver Burkeman），英国卫报记者

"我想，我犯心脏病了！"在所有结束晚宴的方式中，再没有比疑似心脏病发作更糟糕的结局了。

当时，我是曼哈顿一家出版公司的高管。结束了忙碌的一天，刚和同事享受完美味的晚餐，我便感到胸部一阵疼痛。为了不让朋友担心，也不让自己难堪，我未加理会，寄望于过会儿能有所好转，但并没有。我继续谈笑风生，但已渐渐听不到朋友的讲话。我开始感到恐慌，表面上还努力装作镇定自若，但胸口越来越疼，感觉天旋地转。最后，我不得不脱口而出："我想，我犯心脏病了！"

朋友立即跳起来，结账、叫车，把我急速送往最近的一家医院。经过一系列初步检查，医生认定我的生命体征一切

正常，一定不是心脏病。彻底检查后，主治医生的结论也是一致：心脏没有问题，我好好的，除了我自己的感觉！然而，在接下来的一年里，我两次被送进医院，症状和第一次一模一样。医生的诊断结论还是同样的：心脏很好，没有问题。但我自己知道一定是有哪儿不对劲了。

绝望中，我在我居住的纳什维尔地区预约了一位顶尖的心脏病专家。他给我做了一系列检查，待结果出来后，他立即把我叫到他的办公室。“迈克尔，你的心脏很好，”他说，“事实上，你的身体状况也很好。你的问题是由两个原因导致的：胃酸倒流……和压力。”他说，他所见过的胸痛患者中，有三分之一的人实际上患有胃酸倒流，其中大多数是颈部压力过大造成的。“压力是你需要解决的问题，”他警告我，“如果你不把这件事放在首位，你极有可能真的会因为心脏病回到这里。”

我是医生口中典型的工作过度、压力过大的那一类人。在我的记忆里，工作就是疯狂的，我没有一天放慢过脚步。当时，我正领导公司的一个部门，试图推动一个不可能实现的变革项目（稍后我将详细介绍）。与此同时，我还兼顾了其他的重要任务，每天这些事如同五马分尸般地把我向四面撕扯。我是每一个流程的中心，接电话、回邮件、写短信，每周7天、每天24小时我持续在岗，马不停蹄旋风似地安排各种项目、会议和工作任务，更不用说还得处理那些突发的、紧急的状况，以及应对各种打断和干扰。我的家人因为我而连带遭殃、苦不堪言，我自己的精力和激情都在减退，现在，连健康也受到了影响。我知道，某些事情到了必须要舍弃的时候了。

生活在注意力稀缺的时代

回顾过去，那时我的问题是做得太多，绝大多数的忙碌都是自找的。后来我意识到：专注于一切，等于无所专注。当你疲于奔命于没完没了的冗长、枯燥事务和紧急情况时，想要完成任何重要目标几乎都是不可能的。但这就是我们大部分人每一天、每一周、每个月、每一年甚至是终其一生周而复始的人生。

我们现在或许更能体会。所谓的信息经济时代，我们已经苦心经营了近半个世纪。在 1969 至 1970 年间，约翰霍普金斯大学（Johns Hopkins University）和布鲁金斯学会（Brookings Institution）主办了一系列关于“信息技术所带来的影响”的研讨会。其中一名演讲者是来自卡内基梅隆大学（Carnegie Mellon）的计算机科学和心理学教授赫伯特·西蒙（Herbert Simon）（后因其在经济学方面的研究成果获得了诺贝尔奖），他在演讲中就曾警告说，信息的增长将会成为一种负担：“信息会消耗接收者的注意力，因此，大量的信息会导致专注力的缺乏。”他一语中的。

信息已不会匮乏，匮乏的是专注力。在这个充斥着免费信息的世界，专注力已成为职场中最有价值的商品之一。但对我们大多数人来说，生活和工作在这个注意力稀缺的时代，最难找到专注力的地方恰恰就是工作场所。正如记者奥利弗·伯克曼（Oliver Burkeman）所说："你的注意力整天都被垃圾邮件占据。"面对大量涌入的过度信息，想要阻止它们的流入或是不被其打扰，似乎已无计可施。

仅是电子邮件，每分钟我们的发送量就超过 2 亿封。专业人士以深度处理数百封邮件开始每天的工作，但邮件还是源源不断。不止于此，各种数据、各路来电、频发的短信、没有预约的拜访、即时通讯、冗长的会议，以及无数的意外事件，占满了我们的电话、电脑、记事帖和工作场所。研究表明，我们平均每三分钟就会被打断或干扰一次。《华尔街日报》（*Wall Street Journal*）的瑞秋·艾玛·西尔弗曼（Rachel Emma Silverman）说："尽管数字科技显著提高了工作效率，但现代工作日似乎是专为破坏个人专注力而设置的。"

你一定有过这样的经历，以为各种设备、应用程序和工具似乎是在节省时间，令我们高效运转。实际上，大多数人只是用忙碌而碎片化的低价值事务打发时间。我们的时间不仅没有投入在重大项目上，相反，还被那些微小的任务所钳制。两位职业咨询师发现，"人们所做的工作中，约有一半未能推进（他们）公司的战略"。换句话说，有一半的努力和时间的投入并没有给企业带来积极的结果，这种被称为

“划水”的假装忙碌，投入大、收效微，导致了我们想要达成的目标与实际完成的任务之间的巨大差异。

我们因此付出的代价

无谓的时间投入和人才浪费代价惊人。研究表明，上班族每天平均损失 3 小时或更多时间，多的达到 6 小时。假设你一年工作 250 天（365 天减去周末和假期），相当于每年损失 750 ~ 1,500 小时，对美国经济的冲击每年更是高达上万亿美元，不过仅是些数字描述你或许还是没什么感觉。

如果你认真回想那些停滞的计划、推迟的项目和未实现的潜能，确切说是你个人的停滞的计划、推迟的项目和未实现的潜能，或许才能感同身受。这十数年间，我咨询过成千上万忙碌的领导者和企业家，从他们那里听到最多的是，低效率导致的损失在金钱方面固然可怕，但并不是真正的伤害。真正的伤害是所有未曾探索的梦想、未能展现的才能和未曾实现的目标。

我们想要完成的项目和其他汹涌而至的事务，有些是合理且重要的，有些恰似具有迷惑性的面具，如分辨不清二者，极容易令我们精疲力竭、不堪重负、迷失方向。盖洛普（Gallup）调查显示，大约有一半人表示没有足够的时间完成自己想做的事情。对年龄在 35 ~ 54 岁之间，或者孩子的年龄在18岁以下的人群，这个数字更高，大约是60%。同样，美国心理协会（American Psychological Association）2017年的一项调查显示，10人中有6人表示他们会感受到压力，而且10人中4人的压力不是源于某个一次性的项目，而是源源不断、接踵而至的长期工作状态。虽然压力也有积极的一面，但完不成重要任务所导致的无处释放的持续性压力肯定没有好处。

似乎完成无止境工作的唯一方法就是让工作侵蚀我们的夜晚和周末。正如创新领导力中心（Center for Creative Leadership）的一项研究表明，拥有智能手机的专业人士（现在几乎所有人都是如此）每周投入超过70个小时的工作时间。根据软件公司Adobe委托进行的一项研究表明，美国雇员每天花6个多小时查看邮件，为了给一天剩下的工作留出时间，80%的人只好在上班前查收邮件，30%的人甚至在早上起床前就查收邮件。而另一项由GFI软件进行的调研显示，几乎40%的人在晚上11点以后还会查看邮件，3/4的人周末也会查看。讽刺的是，对于像使用Slack这样的聊天群组应用软件的公司，情况几乎一样，甚至可能更糟。

就像是工作在魔镜[一]的反面，红桃皇后对爱丽丝说："你

[一] 魔镜：引自美国迪士尼《爱丽丝梦游仙境：镜中奇遇记》动画片中的Looking Glass一词，作者的意思是穿越到镜子的反面，即方向是错的话，你所有的努力结果都会适得其反。——译者注

得明白，**在这里，你得拼命奔跑**，才能维持原地不动。如果你还想去些别的什么地方，你必须以至少两倍的速度奔跑！”为了维持速度，一些人使用安非他明和迷幻药来保持状态。即便淡化健康和社会问题，承认药物对认知增强的好处，但如果必须依靠药物来刺激神经以保持竞争力，我们创造的将会是一个怎样的世界？

这样的“奔跑”本身代价巨大。其不仅直接导致持续的压力感，长时间工作还会剥夺我们用于维护健康、人际关系和追求个人梦想所应有的时间。占用夜晚，你的睡眠会受到影响；一大早去上班，你不得不放弃晨跑；在孩子足球比赛的过程中查看邮件，错过的是制胜一球的欣喜；为了赶上一场演讲，你又得重新规划与爱人约会的日程……日子就这样周而复始。

凡有选择必有代价。降低代价的关键在于每天我们做出的价值判断，在于决定真正值得我们关注的事情到底是什么。在我职业生涯的早期，恐怕我要说，是我自己选择超负荷的忙碌。现在我知道，这样的选择不可能让我将时间和注意力投入到高价值的工作、健康、人际关系和个人追求等重要的事情上。最终，就如奥利弗·布克曼的拷问：“到最后，你的人生，不过是你曾专注的所有事情的总和。”

身处注意力稀缺的时代，工作节奏似乎越来越快、永无停止。有多少次你觉得自己就像爱丽丝一样，为了留在原地而拼命奔跑，为了赢得领先而加倍提速？

传统的生产力误区

为了消除这样的代价，我们中的许多人会转而寻求效率提升体系的帮助。但如果我们像爱丽丝那样穿越魔镜，我们找到的方案，也许只能是跑得更快！所以，我们在谷歌上搜寻窍门和技巧，在亚马逊和苹果应用程序商店搜索建议和工具，以期管理时间和提升效率。

我本人曾经也是这样做的，但在受到疑似心脏病的惊吓后，我知道维持原有的工作节奏已不可行，一定还有更好的办法。在尝试、修正和调整我能学习和掌握的所有提升生产力的体系后，我的观念逐渐发生了改变，我开始分享我的发现和实践心得，这也就是为什么在15年前我就推出了自己的博客。对我和我的读者们，博客就像是提升生产力的实验室。我当时还是一家大型出版公司的首席执行官，但此后我逐渐被公认为提升生产力领域的专家。后来，我创办了一家领导力拓展公司，现在，我不仅是数百名客户的生产力提升教练，同时每年还为数千名人讲授相关课程。

在钻研生产力提升的初期，我一直寻找的方法，是在不把自己逼死的前提下，如何能够做得更多，或者至少做得同样多但同时做得更快。但我很快发现，跟上“红桃皇后的步伐”并不奏效。直到某一天，当我意识到大多数提升生产力的“解决方案”实际上会把事情变得更糟时，我取得了质的突破。在我与企业家、高管和其他领导者共事期间，我发现人们对生产力的直觉还源于工业时代。那时，人们执行的大多是确定性的且可重复的任务，速度能够决定边际效益基线的提升。所以，人们通常告诉我，他们对生产力的理解就是：做得更多、做得更快。但那显然不是我的目标，也不是我的教练对象们的目标。而且，我敢打赌，也一定不是你的目标。如今，我们面对的工作任务复杂多变，必须通过创新的方法完成重要的项目，为提升边际效益基线做出贡献；而非仅对现有流程进行小修小补的点滴改善。

这就是问题的根源，以旧的思维方式来提高生产力，反而等于拥抱了本该试图避免的精神、能量枯竭，抑制了真正潜能的发挥。方向错了，跑得再快也无济于事，没人能跟得上红桃皇后的步伐！因此，首要应解决的是整个生产力解决方案的重新定义。

一种新方法的诞生

我教练过的最具生产力的商业领袖开始达成这样的共识：生产力不是完成更多的事，而是完成正确的事。它是指以清晰的思路开始新的一天，以满足、成就和留有余量结束这一天。事半功倍地提升生产力、达成梦想，本书告诉你的正是实现它的方法。

《深度专注力：管理精力和时间的 9 种方法》是一套全面生产力提升体系，由三个简单的步骤构成，每个步骤包含三个行动。这些循序渐进的步骤和方法将帮助你获得持续精进的动力，因此，阅读时请避免跳跃的诱惑。

步骤一：驻足思考

我知道你一定会这样想："驻足？不对吧？提升生产力的第一步难道不应该是加速行动吗？"并非如此！事实上，这正是大多数生产力提升体系出错的地方，它们直接告诉你如何做得更好或更快的方法，从不要求你先停下来弄明白**自己的动机，即追求生产力提升的目的究竟是什么**。而正是这一带出无数不同答案的问题，促使你深度思考自己生产力的

生产力不是完成更多的事，

而是完成正确的事。

真实动机。除非你已经清楚知道自己**为什么**而工作，否则你无法正确评估**如何**工作。因此，本书的第一条建议就是：真正的开始是先停下，三思而后行！

停下来后，你要做的第一个行动是**规划**，它将帮助你厘清生产力之外你想要的是什么。不是在魔镜错误的一面徒然奔跑，而是在现实世界中对关键目标切实有效的努力，才是我们重新定义的生产力。你的第二个行动是**评估**，从你的高杠杆收益活动，逐一过滤到你的低杠杆收益的繁忙工作。在此，你会发现一个工具，如果使用得当，将完全改变你的大部分精力该怎样、何时、何地花费。最后一个行动是**恢复**，我们一起探寻如何利用休息来提升业绩的方法。

步骤二：删除舍弃

当你清晰地知道自己身在何处和到底想要什么的时候，便可迈向第二个步骤：删除舍弃。在这一步你会发现，你**不会去**做的事情和你即将要做的事情对生产力提升同样重要。米开朗基罗的杰作《大卫》，不是通过添加大理石创造出来的，而是凿掉了多余的部分才造就了传世经典。准备好你的凿子了吗？

第二步骤的第一个行动是**删除**，在这一步，你会得到生产力领域最强大的两个词汇，并使用它们来驱逐时间的窃贼。你的第二个行动是**自动化**，无须花费特别的功夫，也能完成那些杠杆收益低的任务，为你赢回珍贵的时间和专注力。第三个行动是**授权**，对很多人来说授权令人恐惧，但不用担心，我将传授一种有效的方法，让你把工作移交给他人的同时，还能保证他们会按照你的标准把事情做好。

步骤三：付诸行动

删除所有不必要的事项后，就到了执行环节。在这些章节你将学习如何以更少的时间完成高杠杆收益的任务，重点是在更少的压力下如期完成。

在这一步骤中，你的第一个行动是**整合**，它将帮助你区分三个不同的活动场景，施展专注的威力。接下来的行动是**设计**，我的意思是，你将学会按照不同的场景设计任务，以使其符合你的日程安排，并有效预防紧急任务的肆虐。最后的行动是**主动**，积极主动地对抗打断和干扰，使自己独特的技能和能力得到最大限度的利用和发挥。

在学习的旅程中，你会遇见我曾教练过的一些客户，我将教授给你的方法，他们都已经能够在生活中学以致用、应用自如。这 9 项行动的最后都有练习，以帮助你将所学立即付诸实践。每一个练习均是为了确保你的成功而量身定做的，请不要跳过这些环节。你被无休止的干扰和失控清单折磨的日子已经结束；那些忙碌一天筋疲力尽，躺在床上却不知道自己究竟都干了些什么的夜晚，也将从此不再复返。

现在，请按下你生活的重置键，使用新的体系，把时间、精力投入在工作和生活中最重要目标的完成上。

想象一下这样的画面，当时间完全在你的掌控之中；当你宝贵的精力由你来决定如何投入；当你度过富有成效、心满意足的一天，仍能踌躇满志地安然入眠……我希望你去想象一下这美好的画面，因为这个时候就要到了。你真的可以事半功倍地实现梦想，请与我一起迈出探索如何达成目标的第一步。

测试你的生产力基准

在开始下面的阅读之前，如果你还没有完成个人"生产力评估"，我建议你先停下来，搜索 FreeToFocus.com/assessment 网站，免费完成个人"生产力评估"，这是获取你当前生产力基准最快速、最简单和必要的方法。如果你得到的分数很低，请不要自责，这就是你购买本书的原因，对吧？既然你已意识到了一些问题，隐藏它们徒劳无益。如果你的分数很高，也不要认为你就可以把本书束之高阁，不管你现在做得有多好，对于那些致力于追求成功的人来说，风景总在最高处，永远还有更值得你追求的目标。

你的个人"生产力评估"结果可在免费的 FreeToFocus.com/assessment 测评网页上获得。

目　录

本书赞誉

前言　步入专注

步骤一　驻足思考：规划、评估、恢复 / 001

第 1 章　规划　探寻你真正的梦想 / 003

第 2 章　评估　选择你自己的道路 / 022

第 3 章　恢复　重燃你的身心活力 / 045

步骤二　删除舍弃：删除、自动化、授权 / 071

第 4 章　删除　锻炼你说“不”的能力 / 073

第 5 章　自动化　重塑高效工作方程式 / 097

第 6 章　授权　克隆自己或克隆更好的自己 / 120

步骤三　付诸行动：整合、设计、主动 / 143

第 7 章　整合　计划你的理想周 / 145

第 8 章　设计　优先重要的任务 / 169

第 9 章　主动　避免打断和干扰 / 193

通往专注之路 / 211

译后记 / 217

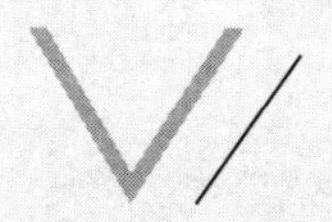

步骤一

驻足思考：规划、评估、恢复

第1章

规划
探寻你真正的梦想

"能否请你告诉我，我应该走哪一条路呢？"

"那可取决于你想到哪儿去。"

——爱丽丝和柴郡猫[一]

还记得《我爱露西》[二]（*I Love Lucy*）电视剧中的那一幕吗？露西（Lucy）和埃塞尔（Ethel）在巧克力工厂工作，她们的任务是包装传送带上的德菲丝巧克力。

她们的经理威胁说，只要有一块巧克力没被包装，她

㊀ 柴郡猫：美国动画片《爱丽丝漫游奇境记》的虚构角色，一只咧着嘴笑的猫。——译者注

㊁ 《我爱露西》：是一部在美国家喻户晓，开启了美国肥皂剧新时代的喜剧剧作，9年的播出时间描绘了整整一代美国女性的生活。——译者注

们就会被解雇。刚开始她们干得不错，但转瞬间，巧克力就蜂拥而至，露西和埃塞尔根本来不及包装，于是，她们不得不把巧克力塞进嘴里和帽子里。当传送带终于停下，经理来检查工作时，并没有发现露西和埃塞尔把未包装的糖果都藏了起来，所以看上去她们都能跟上节奏而且做得很好。她们得到的奖励是什么呢？“加速！”经理对开传送带的师傅喊道。

我们又会把工作中额外的待办事项、质询和临时任务藏在哪儿呢？就像露西和埃塞尔，当我们自以为成功地完成了手头的事儿，得到的回报往往是更多的工作！

几乎我认识的所有人，包括我自己，有时，甚至大部分时间里都觉得自己像露西和埃塞尔。只是，朝我们涌来的不是巧克力，而是无穷无尽的邮件、短信、电话、报告、演示文稿、会议和任务截止日期等要去完成、去修正或思考的事情。我们尽一切可能提升效率，但能应对的依然有限。

因此，我们只好把额外的任务推到晚上，把工作日内无法完成的项目放在周末。这些堆积在装配线上的任务充塞着我们的脑海，消耗着我们的精神、情感和身体，我们只好寻求提高效率的技巧和诀窍，在无数需要专注力的任务中，找到可以节省几分钟的方法。如果包装一块巧克力能再快几分之一秒，可能——只是可能——我们就能跟上节奏了。我们中的一些人以为用这种方法就能解决问题，但不过是徒劳无益甚至背道而驰，因为这根本就不是问题的本质原因。要么我们成功地跟上无休止的节奏，要么被其淹没。但无论是怎样的结果，我们从未停下来问问自己，究竟一开始是如何把自己搅进这个乱局的。

现在，让我们停下来问问自己：我们想从生产力中得到什么？目的是什么？目标又是什么？真正的生产力始于清楚自己想要什么。在本章中，我将帮助你规划你自己的生产力愿景，而不是一味接受经理“再快点！”的指令。这非常重要。因为如果我们愿意面对真实的自己，就会发现，某些时候那个经理其实就是我们自己。在魔镜的另一边，我们并不是爱丽丝，我们是红桃皇后。

为了直指问题的核心，我们将探讨三个常见的生产力目标。剧透警告：前两种方法很常见但通常不奏效，而第三种将会令你的生产力提升，彻底改变游戏规则。

目标1：效率

如果你随机询问一位陌生人他提高生产力的目的，你得到的答复很有可能是关于效率方面的，这通常是基于根深蒂固的“把工作做得越快就越好”的假设。然而，这很容易令我们陷入困境。因为人们希望工作得更快，只是为了在满满的日程里硬塞进更多的事情。

生产力作为一个概念，是19世纪末20世纪初由弗雷德里克·温斯洛·泰勒（Frederick Winslow Taylor）等效率专家提出的。泰勒将其工程背景应用于工厂工人管理，通过减少甚至取消工人的自主权，找到了提高效率的方法。他说“制度必须放在首位”，而且必须由管理层“强制执行”。泰勒指示管理者把工人们的工作方法和程序分解、最小化，消除任何可能的浪费或拖沓。泰勒主义和他推崇的方法确实产生了效果，工厂的效率因工人们在更短时间完成更多的工作得到了提升，但为之付出的代价是限制了员工的自主判断和自由，泰勒实际上是把工人变成了工厂中的机器人。

虽然泰勒已经过世一百多年，但我们仍然努力延续着基本相同的效率模式：延长工作时间，竭尽所能以最快的方式完成最多的任务。问题是，我们大多数人是知识工作者，不是工厂工人，我们被请来输出的是我们的脑力而不仅是体力劳动。正因如此，我们对时间的安排和日常任务的处理都需要有极大的自我决断和自主权。同时，在 20 世纪，工人们的每一天是在以同样的方式重复完成同样的事情中度过的，而现在的我们则需面对不断涌现的新挑战、新机遇和新问题。为了不被时代抛弃，需要耗费大量的心智和精力，寻求创新的解决方案。

泰勒的目标是找到更快完成工作的方法。然而，将其应用到知识型经济中，工作就几乎永无尽头，永远有创新的想法要考虑、有新的问题要解决。而每当我们出色地完成工作，得到的回报——你猜对了——是更多的工作。我们就像那只被困在轮子上的仓鼠，虽以最快的速度拼命奔跑，却从未在持续增长的项目和任务清单上取得任何真正的进展。我们太过害怕万一放慢脚步就会陷入落后无望的境地，但如果试图跳下转轮，又极有可能永远没有机会再回来。我们唯一的选择似乎只能是一路狂奔。这就是为什么大多数人整天、整晚、整个周末，甚至在休假时都在手机上查看工作邮件。因为他们害怕哪怕几小时、一天或一周（上帝保佑，但愿不会如此）后工作就会堆积如山。

"对我来说，生产力就是完成更多的事情，"我的一位教练客户马特（Matt）说。作为一家年销售额数百万美元的供暖及水暖设备的创始人兼首席执行官，他说他一直关注如何才能取得更多的成就。"你完成的工作越多，你就越有时间做点其他的事情，不管是什么事，赶上什么就做什么。所以，如果我有更多的时间，我就可以用来完成更多的事情，这又会产生更多的收入和更多的项目。总之，生产力就是越多越好。”

马特的故事我们回头再说。但眼下已足够表明，关键问题不是：**我能更快、更容易、更低成本地完成这项工作吗？**而是，**我真的应该承担这项工作吗？**现在，弄清楚这个问题比以往任何时候都更重要。技术的发展给了我们前所未有的随时联通信息、人和工作的机会，只要我们愿意，随时随地都可以工作。但是，技术的奇迹并没有让事情变得更好，事实上，事情反而变得更糟了。智能手机本来承诺让我们更轻松地完成工作，效率更高，有更多的时间专注于更重要的事情。但你的智能手机或平板电脑为你创造出了更多的空闲时间吗？我敢打赌恰恰相反。

理论上，我们应该比历史上任何时期都更有效率。仅在15年前，大多数人还无法想象今天掌上超级计算机所能做的事情，打电话、写邮件、安排时间表、管理任务、开视频会议、查看电子表格、创建文档、阅读报告、向客户发送消息、预订旅行、订购用品、创建演示文稿等，基本上所有的事情都可以在手机上完成。在等红绿灯时就能完成交易，在超市排队时就能检查发票——你甚至不用在超市排队，因为通过超市的应用程序就可以下单订购。

我是个科技粉，十足的极客，然而相比于以前，现在我对科技的理解深刻了许多。新技术确实能让工作提速，但很明显，也带来了完成更多工作的诱惑和期望。因效率提高而节省下来的所有时间，我们不但全部占用，而且试图把更多的任务挤进日程；我们以为找到了加速传送带的方法，但最终却被堆积如山的巧克力淹没。

目标 2：成功

那么如果提升效率不是我们努力提升生产力的最佳目标，增加成功概率是吗？

似乎是。生产力提升能带来更大的成功的假设合情合理。但成功的概念本身就会给我们带来麻烦，因为我们多数人从未停下来弄清楚何谓成功。这就像一场没有终点线的赛跑，或者不知道目的地的旅行，没有明确的目的地，怎么能够知道如何以及何时到达？在美国这一问题相当普遍，大多数人非常相信“多劳多得”的神话，他们为更多的产品、更多的交付、更多的客户、更多的利润，以及一切能够帮助他们获得更多的东西而奋斗，诸如更大的房子、更多的玩具、更多的假期，更豪华的汽车。反过来，这一切又会导致更多的工作、更多的压力，最终是更多的倦怠，直至精疲力竭。

罗伊（Roy）是我的另一位教练客户。他是一家大型木材公司的全国客户经理，这也给他带来了烦恼。他告诉我说：“以我们的行业标准来衡量，我的工作效率已相当高了，但还是没法达成自己的目标。我已经把效率提高到极致，把自己弄得筋疲力尽、疲惫不堪、压力极大，但距离目标达成仍旧很远，我能做的似乎也唯有更加努力。”罗伊每周工作70小时，有时甚至更多，他认为取得成功的唯一方法就是更加努力。

“我一直崇尚只要坚持就能到达彼岸，但事实并非如此。我真的以为投入更多时间就能帮助我实现目标，但不过是把我进一步推向精疲力竭的境地。”这种情绪的代价首先体现在对家庭的影响，继而影响到工作本身，原本与同事愉悦合作的能力也因此受到损害。他承认：“每天，我的工作以疲惫开始，以疲惫结束。”

为这样的恶性循环付出代价的远不止罗伊一人。盖洛普（Gallup）调查显示，美国人一周平均工作时间接近50小时，而不是40小时，1/5的人每周工作60小时以上。你可能以为蓝领工人工作时间最长，但事实是专业人士和办公室职员的工作时长压倒性地超出。在一项针对1,000名专业人士的研究中，接近94%的人表示，他们每周工作50小时或更长时间，他们中近一半的人工作时间超过65小时。加上交通往返、家庭责任和其他事务，我们不得不在已经排满的日程边缘硬挤出零星时间。同样的研究还发现，在办公室之外，专业人士每周还会付出额外的20~25小时，用智能手机跟进工作。

我们正生活在如德国哲学家约瑟夫·皮珀（Josef Pieper）称之为唯劳动驱动生命的“全工作”时代，但坦白讲，结果令人沮丧。超过一半的员工表示筋疲力尽，40%的人每月至少有一个周末加班，25% 的人在下班后继续埋头苦干，还有一半人说他们甚至不能离开办公桌休息一下。克罗诺思公司（Kronos Incorporated）和未来工坊（Future Workplace）对 600 多名人力资源主管进行了调研，95% 的人表示，工作疲惫是员工留任的主要挑战，而低工资、长时间和超负荷工作是造成这一现象的三大原因。不出所料，《全球福利现状调查报告》（Global Benefits Attitudes Survey）最近的一项调研发现，与更快乐、更健康的同事相比，压力较大的员工的缺勤率明显更高、生产力更低。最让人警醒的是，研究人员表示，仅在美国每年就至少有 12 万人死于工作场所的压力因素。在 20 世纪 70 年代的日本，这一问题非常严重，人们为此创造了一个词：过劳死。

很明显，如果我们提高生产力的目的是取得概念模糊的"成功"，那肯定没把事情做对。就我个人而言，生病、死亡或濒临死亡都与成功不搭界。我们不是机器人，我们需要悠闲时光、需要休息、需要和家人在一起、需要娱乐和锻炼；需要拥有大量的完全不考虑工作，甚至工作根本不在我们"雷达范围"的时间。然而，有时候，对"成功"的不懈追求迫使我们一路狂奔、随时待命、不惜代价，而这正是你和你的员工失败的原因。是的，成功是强大的动力，但只有当你明白成功对你的真正意义时才是如此！

目标3：自由

如果生产力本质上不是为了提高效率和增加所谓成功的概率，那么生产力的目的究竟是什么？我们何必为此大费周章？正是这样的思考把我们带向生产力真正的目的，本书阐述的根本核心就是：**生产力的真谛是让你自由追求真正重要的梦想！**生产力真正的目的是解放我们，让我们获得自由。我将从以下这四个方面定义它。

1．专注的自由。如果你想掌控你的日程表，提高效率和产出，并在生活中为你所在意的事情创造出更多空间，你必须学会专注。我指的是全然专注、深度工作的能力，这种专注会对工作结果产生积极的推动和重大的影响。因为我们工作的目的就是解决实际问题、取得进展、达成目标、获得成就，让我们每一个夜晚都能因既定计划和任务的完成而安然入睡。

想想过去几周，你有多少时间真正自由专注地集中在工作上？全神贯注地坐下来完成一项任务，不分心、不打电话、不发短信、不发邮件，也没有人过来打招呼或询问对你来说无关紧要的问题。如果你和我们大多数人一样，我相信你很难做到不被打扰。即使我们试图通过线下工作来“隐身”，无论是在家还是在咖啡馆，智能手机和电脑还是为无数的干扰留下了一扇打开的门。

生产力的真谛是

让你自由追求真正重要的梦想。

正如我们看到的，员工平均每三分钟就会面对一次干扰。在本书的后面，我们将揭示这些小干扰对我们专注力造成的影响。这里给你的提示是：这确实不是个好习惯。但如果你刚刚意识到自己几乎没有一次专注于一项任务超过三分钟，也无须气馁，因为这种情况普遍存在。我们的体系就是为了帮助你找回缺失的专注力而设计的。相信我，我们会达成目标。

2．当下的自由。有多少个约会的夜晚你还在思考、谈论或担心工作？当你和家人或朋友外出时，多久会查看一次工作邮件或信息？统计数据表明，我们从办公室中脱身，专注于人际关系、健康和个人幸福的能力相当薄弱，甚至说，虽然我们手头上没活儿，但心思还会陷在许多悬而未决的事情中。

无法放下工作的责任，我们就不可能全身心地与家人和朋友相处，也不可能享受必要的休整。《洋葱》（*Onion*）杂志曾就此问题发表过一篇颇为嘲讽的文章，题为《身处享乐时光的男人突然记起他的每一个职责》：这个男人在参加朋友的野餐会时，刚想放松一下，但随即想起那些仍需要处理的工作邮件、迫在眉睫的项目截止日，以及需要回复的电话……只在放松的边缘晃悠了一下，他的脑子里就在为演讲做着准备。看到这，我们不禁都会心一笑，因为我们也是如此。

我对会让我付出更多时间，或者被所谓的追求成功驱动着占据我本该玩耍放松的时间的效率提升方案毫无兴趣。我追求的是**生产力**，而不只是效率，这能让我有足够的空间，无论身在何处都能专注于当下。当我在工作，即表明我在全身心地工作；当我和妻子共进晚餐，我的世界就只有我们俩。我生命中重要的人值得拥有最好的我，而且，我不愿表面上糊弄敷衍他们，实际上在操心着工作。

3. 由衷的自由。对有些人来说，这可能听起来很傻，但我一直将由衷的自由视为我的优先。我们中的许多人都习惯于把自己的生活精心规划到每一分钟，不愿容忍任何打扰或偏差，但这可不是让人愉悦放松的生活方式。想象一下这个情景：如果你的孩子或孙儿孙女们进来和你打招呼，你可以立刻放下手头正在做的事情，转而关注到他们，这种自然而然、发自内心的放松只有在你对生活游刃有余时才会发生，而这才是生产力真正的副产品。当你知道自己有更重要的任务要完成，并在可驾驭的范围时，这种随心所欲不逾矩的状态才是由衷的自由。

4. 放空的自由。我们一直将忙碌视为美德，但正如我们所看到的，一直很忙碌、很努力的文化实际上是破坏生产力和剥夺我们快乐的元凶。当妻子和我前往托斯卡纳（Tuscany）参观时，发现意大利民族崇尚的生活方式是无所事事的甜蜜，而美国人对无所事事常感到内疚。无可否认，闲暇期间有时我也会感到效率低下，但这正是放空的关键。

我们的大脑不是为了不停运转而设计的。当我们进入放空状态时，富有创意的想法会自然流动，记忆会自我整理，我们给了自己一个休息的机会。如果你仔细回想就会发现，你事业中的大多数奇思妙想或个人生活的顿悟大都是在足够放松、思想自由驰骋的时候产生的。创造力有赖于“无所事事”的频次，也就是说不时地放空也是一种竞争优势。

把正确的事做好

此刻，以上我所说的四种自由可能很难让你相信，但我保证，它们是切实可行的。在通往自由专注道路上的第一个行动，**是明确你的目标**。我们已经知道，生产力的真谛是让你自由追求对你而言真正重要的梦想。如前所述，生产力不是**完成更多的事**，而是完成**对**的事。这就是本书的核心，帮助你掌握**事半功倍提升生产力**的秘诀。

如何定义**少**（事半）呢？本书余下的章节会回答这个问题，主要是关于如何删减占用你时间的，你既没激情也不觉重要的，或者坦率地说，你一点也不擅长的所有任务。当你开始把注意力集中在你最擅长的事情上，并将余下的事情删除或授权给别人的时候，奇迹就会发生。你会体验到更大的动力、更好的结果、更多的余量，并在工作和生活中获得真正的满足。

我们常常让自己的生活去迎合工作，也就是说，我们允许工作就像浴缸里的鲸鱼横梗在日程的正中央，然后把生活中的其他一切事情都挤在周围。我想是时候修正了！我们应该**首先**设计好自己的生活，然后制订工作计划来达成生活的目标。这并非牵强附会或遥不可及，每年我辅导的数百名企业家和高管都在这样做，而且更多的人正在朝着这个方向努力，他们已经在品尝不仅工作质量得到提升，个人的满足感也在全面提升的甜蜜。

正是由于看到了工作质量和个人幸福感的提升，许多公司包括大型企业开始尝试减少工作时间和扩大员工的自主选择权，并因此回报颇丰。丰田在瑞典的工厂将每班时间减少到 6 小时，结果是，员工们不仅能在 6 小时内完成以前需要 8 小时才能完成的工作，而且更快乐，流动率下降的同时公司利润得到提升。

众所周知，远在 1926 年，亨利 · 福特（Henry Ford）使福特汽车公司（Ford Motors）成为美国第一批从每周 6 天工作制转变为我们今天相当熟悉的每周 5 天 40 小时工作制的企业之一。这在当时的商业分析师看来似乎有些疯狂，但福特是一个有远见的人，正如他的儿子、福特汽车总裁埃德塞尔 · 福特（Edsel Ford）向《纽约时报》（*the New York Times*）解释的那样："每个人每周需要不止一天的时间休息和娱乐才能平衡身心，我们相信，为了使生活更美好，每个人都应该有更多的时间和家人待在一起。"

我们应该先设定生命的意义，
然后经由工作来实现。

显然，这些改变让福特汽车团队士气大振，不过令更多人津津乐道的还是此举对业务收益基线提升的影响：生产力飙升，工人们对公司心生感激和尊敬，在工作上投入更多的精力。最终，他们的工作时间减少到每周 40 小时，每周可以休息 2 天。员工们实际上是通过减少工时、提高产出的方式，将福特汽车推向了巅峰。

你的生产力愿景是什么？

为什么首先要驻足思考生产力愿景呢？因为无论什么秘诀、技巧和应用程序都没有针对生产力的本质问题。本质问题在于我们自己，数个世纪以来我们一直也在努力解决这些问题。该撒利亚（现土耳其）的圣巴西流（Basil the Great）主教在公元四世纪就曾说：“搬到修道院后，我的确离开了城市，但我无法完全不问尘世。”圣巴西流主教比喻道：“这好比一个在大船上晕船的人，试图转到小艇上去减轻症状，这种做法显然白费工夫，晕船症依旧如影随形。”因此，按照圣巴西流主教的说法，问题的核心就在于“如果我们的内心躁动不安，到哪里都无可安顿”。

我们大多数人都如同试图爬进小艇来减轻症状的晕船者，得到真正解脱了吗？没有！我们以为通过一个新的应用程序或设备就可以解决所有问题，但这只是简单地把生产力的问题从一个地方搬到了另一个地方而已。如果我们想要另辟蹊径或寻求更好的方法，就必须重新定义生产力。如果我们以追求更高的效率或更大的成功为主要目标，则注定是要失败的！生产力的终极目标应该是把更多的时间还给你，而不是要求你做得更多。

我最具生产力的客户大多致力于追求第三个目标：自由。并且，对生活有着很具体的个人愿景。他们首先会勾勒出对生活的规划，然后再把工作嵌入其中。这些优秀的人知道自己想去哪里，重要的是，他们和你一样，并没有任何你所不具备的特殊能力。如果他们可以找到代理人，你也可以，选择在你。那么，接下来你会怎么做呢？尽管我们每个人最终的选择都不尽相同，但至少你可以开始绘制愿景，使事半功倍成为可能。去想想，生命中因此获得的余暇时光你将如何度过？

问问自己究竟想要什么？多少小时想用于工作？多少事项想放进任务清单里？多少晚上和周末想花在工作上？你想专注在哪里？也许你就是想投入更多的工作时间去推动结果，如果这真的是你想要的也无可非议；或者，你想在生活其他领域有所收获，如精神、才学、家庭、朋友、爱好、社区或其他的一些事情，也没有任何问题，这完全取决于你自己。没有人能够，或者应该告诉你什么是对你最重要的。一旦你弄明白了自己对美好生活的向往是**什么**，它便彷若星辰为你指引精彩的航程，如果没有它，你极有可能迷失在茫茫的大海上。这就是生产力赋予你的：选择将自己的时间和精力专注在你最重要事情上的自由。

当你完成以下的“生产力愿景”练习，即表示你已为下一章的学习做好了准备。在下一章，你将评估在实现愿景的路上你已走了多远，又将去向何方。

制订你的生产力愿景

为自己的生活制订一个新的愿景有赖于你的认真思考。你需要在脑海中描绘一幅画面，清晰勾画自己想要的生活到底是什么样子，以及为什么它对你如此重要。首先在 FreeToFocus. com/tools 上开始你的“生产力愿景”测试，明确你生产力的理想画面；其次用几个强大的、易于记忆的词汇清晰描述；最后，评估损益：如果你实现了愿景会得到什么，如果没有实现又会失去什么。

记住，这个愿景是关于你想要的生活的样子。也许你今天还没有足够的资源来实现它，但不要让这些阻止你去勾勒梦想。本书旨在帮助你朝着你想要的目标前进，如果连你自己都不知道要到哪里去，你就永远不可能取得真正的进步。

第 2 章

评估
选择你自己的道路

每个人的生命都终将落幕，只有少数人能了无遗憾地作别。

安迪·史丹利（Andy Stanley），演说家、作家

在创办我自己的公司之前，我有幸担任托马斯·尼尔森出版公司（Thomas Nelson Publishers）的首席执行官。那是一个绝佳的机会，是我在一线多年打拼获得认可的证明。在担任首席执行官之前，我是一名发行人，是我所在部门的二把手。2000 年的 7 月，我的上级突然辞职，我被要求接替他的工作，这让我成为托马斯·尼尔森旗下一个贸易图书部门的总经理。

作为一名发行人，我能感觉到我们部门出现的一些问题。只是在我接手总经理一职时，就这一状况并没有做好应对准备，尽管很明显，我们的领域早已危机重重。那个时

期，在托马斯·尼尔森 14 个不同的部门中，我领导的部门利润贡献排名垫底。其实，“最不赚钱”已是一种相当委婉的说法，事实是我们在前一年就已经开始亏损。公司其他部门的人都在抱怨我们拖了整个公司的后腿，我意识到必须迅速做出改变。

当面对这类危机时，许多领导人通常会以扭亏为盈为优先考虑，当机立断，不顾一切采取任何可以增加收入来源的行动。当然，我也想过那种方案，但我并没有那样做。如果一个桶有漏洞，那么就算把桶装满水，漏洞没有被堵上又有何意义呢？所以我做的第一件事是前往一个幽静的私家场所，我知道我需要一些安静的时间来充分评估部门当下的状况，了解为何我们走到这一步，以及下一步我们应该做什么。

于是我设定了两个目标。首先，不管情况有多糟糕，我要完全了解我们现在的处境。其次，我需要提出一个能够达成的宏大愿景。我相信，一旦起点和终点明确，我和我的团队就能制定出一条从我们现在的位置走向我们想要到达的地方的路线。事实上，不管你信不信，我们的危机就是这样解决的。

我原以为要用 3 年时间才能实现最初的愿景，没想到我们仅仅用了 18 个月就打了一场漂亮的翻身仗。而且，在愿景的所有维度我们的表现几乎都超乎预期。在接下来的 6 年里，我们从一个一度举步维艰的图书部门成为托马斯·尼尔森旗下增长最快、利润最高的部门。从垫底走到了第一，这一切之所以发生并不是因为我们有一个雄伟的商业战略，而是因为我们有了要往哪里去的清晰愿景，并且诚实面对应从哪里起步这一现实。

现在，轮到你了。

激情与专精的交集

在第1章中，你开始绘制你想要去的远方。如果你已经完成了“生产力愿景”的练习，应该已经有了一个坚定不移的目标。（如果你还没有完成练习，建议你先停止阅读，现在就去完成它。书的章节和练习彼此相辅相成，不要试图跳过其中任何一个。）

此时，你已经知道自己想去哪儿，要弄清楚的是自己当下的位置。为此，你需要一种特殊的罗盘——我称它为“自由罗盘”——来帮助你定位。在接下来的章节里，我们将持续使用这个工具作为你的生产力指南，它会一直陪伴你以防你走错方向。同时，为你提供帮助的还有两个关键评价标准：激情、专精。它们用来对你的任务、活动和机遇做出评估。掌握这两个关键标准会彻底颠覆你对生产力的看法。当然拥有二者之一远不足以完成你的日常任务，你必须两者兼备，否则你的精力和表现将大打折扣。

我所讲的激情，是你对工作的热爱，愿为工作释放热情。你一生中是否曾经历这样的时刻——当你执行某项任务时情不自禁地说：“**真不敢相信，居然还有人愿意付钱请我做这事**。”如果你有过这样的感受，就能体会激情、热爱是什么样的感觉。你当然有能力完成很多事情，但只有做你最热爱的，获得的动力和满足感才是最大的，也最能持之以恒。

> 我所讲的激情，是你对工作的热爱，愿为工作释放热情。

专精则完全是另一回事。专精不是你有多喜欢做某事，是你能多好地完成一项任务。事实上，你或许十分热爱某些工作，但倘若你不是特别专精，也不会有人愿意付钱让你尝试。例如，我住在美国的音乐之城田纳西州的纳什维尔，那里是音乐家们的聚集地。但很多热爱音乐的人并没有从事音乐行业，而是在做侍应生。我敢肯定他们对音乐充满激情，同时我也相信他们中的不少人拥有熟练的音乐技能，否则谁又会甘愿在纳什维尔做个服务生？他们在这个国家的任何其他城市都可能成为当地小有名气的音乐人，可是在纳什维尔，规则完全不同，擅长音乐不会让你在这里成功，你必须成为**绝顶优秀**的音乐家才能获得一定的关注。

许多人把能力和专精混为一谈，但两者大相径庭。能力是完成某件事的技能或诀窍。专精则更进一步，意味着你不仅擅长于某事，而且你创造的结果还能令他人视为标杆并予以嘉奖。对于高管和企业家，专精很多时候体现在收入、利润和其他财务指标。对于音乐家，它可能意味着下载量、销售

能力仅仅代表技能，

而专精标志着能力加贡献。

额、听众人数或者各种奖项。能力仅仅代表了某种技能，而专精标志着能力加贡献。换句话说，你得到的回报取决于你对世界的给予。无论你多么有才华，如果你没能在某个领域做出贡献，就不能称之为真正的专精。

生产力四象限

现在我们明白了激情和专精的定义，接下来学习“自由罗盘”的结构。首先想象一个二维坐标，设 x 轴为专精，y 轴为激情。这两个维度可以帮助你辨别和理解你日常工作中生产力的四个象限，有了这样的区分，你就会更好理解，为什么某些任务可以让我们一天过得飞快，而有些事则会令时间仿佛戛然而止。我们将以倒序的方式研究这四个象限，让我们先从最令人讨厌的区域开始。

第四区：苦差区。“苦差区”是由你既没兴趣也不专精的任务构成的。这个区域的任务基本上都是你讨厌并且无论如何也不擅长的事。对你来说，这是最糟糕的工作，是份苦差事。

像汇总开支报告、处理电子邮件、预订旅行等都被我归类在我个人的苦差区。我对这些事情既不专精也无激情，强迫自己去做这类事情只会觉得困难、烦琐而又无趣，这些任务要花费相当长的时间，而最终大多证明是浪费时间。为什么我说是浪费呢？因为如果我的时间和精力可以得到更好地利用，我的生产力会大大提高，如果我将生产力专注在其他事上，我又可做出真正的贡献。我永远不会擅长预订旅行日程之类的事情，也永远不想成为具有这方面专长的人，那么我为什么要强迫自己做这类事情呢？

请记住，某件事被你归类在苦差区，并不意味着它也会落在其他人的苦差区。这些任务本身并无优劣之分，只是你个人没有激情和不专精而已。信不信由你，世界上很多人喜欢你讨厌的东西，反之亦然。没有这种分工合作、术业专攻，我们现有复杂的经济生态就无法运转。

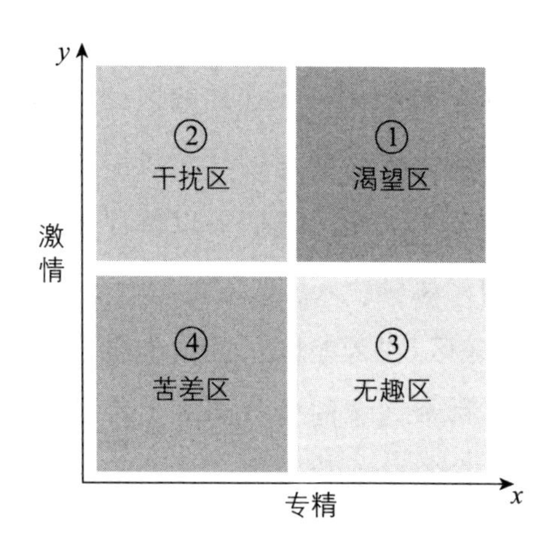

第三区：无趣区。“无趣区”是由你擅长但无激情的任务构成的。当然，你也可以去做，而且，甚至有可能比办公室里的其他人做得还要好，但会消耗你的精力，为什么？因为你对它们无感。确切地说，你并不关心这些事情，做的时候也觉乏味无趣。我们大多数人本能地回避苦差区的工作，但却经常仅因为擅长而被困在无趣区。

我对这个区域的工作深有体会。我之前提到过我在出版方面有很丰富的工作经验，很久之前我就涉足出版业，因为我一直很喜欢书。一位伟大的励志演说家曾对我说过："五年后的你和今天的你还是同一个人，所不同的是你遇到的人和读过的书。"我非常同意他的说法。事实上，我生命中每一个重要的成长都是因为我遇到了某个人或读过了某本书。正是这种激情驱使我进入出版业，而在每个职位上的专精帮助我攀登至更高的职阶。然而，我爬得越高，我离出版书籍却越远。

每次的升职都让我与书渐行渐远，而与行政管理日趋接近。当我成为首席执行官时，我的工作重心是管理好公司的财政。我对金融确实有天分并且最终精于此道。然而，我的激情仅从开始学习维持到熟练掌握的阶段，在那之后，整天要对着盈利或亏损的数字，让我厌烦得几乎想死。但问题是，我之所以领薪水，就是因为要去做这些事。意识到这一点后，我决定离开 CEO 岗位，重新投入到我最热爱的事情——出版书籍上。类似的故事我从其他人那里听说过很多，确实，如果我们自己都不在意，那么可能仅仅是因为一份薪水，我们就会被困在无趣区里好几年，甚至好几十年。

第二区：干扰区。在这个区域，包容度就大多了。干扰区是由你有激情但（很遗憾）并非你所擅长的任务构成的。这意味着这些活动不会耗费你过多的精力，因为你喜欢做，但如果你不加注意，它们就会成为浪费你时间的元凶，因为这些事情并非你的专精，你没法在此领域做出重大贡献。

干扰区的问题是：你的激情掩盖了你的不专业——不过蒙蔽的只是你自己的双眼，我们是否专精旁人最能看出，这即是说我们可能是最后一个知道自己正在浪费大量时间交付低于标准的工作而却乐此不疲的人。

上面说的不仅仅是纳什维尔籍籍无名的音乐爱好者，不停干预市场部工作的财务主管，以及插手平面设计的销售人员，还有认为领导团队不如自己亲自上阵的经理们。除非他们的努力得到了其他人（比如同事、消费者、客户、上级、听众或市场）的肯定，认为他们的努力是货真价实的、是独特的、是宝贵的，否则他们所做的依然处于干扰区。当我们发现那些处于干扰区的任务时，必须毫不留情地将它们砍掉，要意识到它们是我们喜欢做的但却是我们不应该做的事情。

第一区：渴望区。“渴望区”是你的激情和专精高度交集的地方，在这里你可以尽情释放你独特的天赋和能力。为你的事业、家庭和社区乃至世界做出杰出的贡献。如果你最终的目的是自由，这便是你能体验自由的地方。本书接下来将聚焦在如何帮助你进入“渴望区”，并尽可能长久地留在这里。

工作在渴望区对你个人生产力的提升有着深远的影响，

这是我所知道的在事业和生活上取得成功的最佳路径。因为你将用更少的时间做更多高收益的工作，这会为你生活中的其他领域，如家庭、朋友等腾出空间。这就是上一章节提到过的我的客户罗伊开始改变的地方，他说："放弃其他一切，专注在渴望区工作对我影响巨大。意识到一切都可以授权，我是说把不在渴望区的一切事情都授权出去，是我能想象到的最自由的事情之一。"

通过授权所有非他渴望区的任务，罗伊把他的工作时间从每周 70 小时缩减到主营业务上的每周 40 小时。我特别说明主营业务是因为，每周他还会在他与家人共创的两个他很感兴趣的项目上工作 10 小时。在他全身心投入到他最有热情及最为精通的工作之前，他并没有多余时间去做额外（两个项目）的事情，他的余量已被低收益的任务消耗殆尽，效率也降到了最低。

另一位客户蕾内（Rene）也有类似的经历。蕾内工作的公司的业务是买卖私人飞机，在她了解四象限之前，她把自己形容为"转轮上的仓鼠——连轴转"。理解激情与专精之间的联系是跳下转轮的关键，"这让我可以专注在渴望区的任务，并且真的能够说：'我不需要一直忙碌，我只把时间花在重大事项的深入研究及深度工作上。'"这样的选择对蕾内的影响可谓立竿见影，她每周的工作时间从 60 小时减少到了 30 小时，不仅如此，工作时间的减少反而让她获得了更好的工作成效。通过对任务的排序，她说："我不会再被无关紧要的事情分心。所以，真的，我重新找回了我的全部生活。”

玛丽埃尔（Mariel）经营着一家会计师事务所，和我们许多人一样，工作渗透到她生活的各个角落。开始时，她每周有规律地工作 60 ~ 70 个小时，并且度假时也带着工作。“我在家族企业中长大，”她解释道。“我习惯经常加班加点，而且，我也热爱工作。”但她发现，有些工作效率高，有些则较低。“对我影响最大的一件事，”她说，“是在建立自己的区域框架时，弄清楚哪些事可以归类在无趣区，哪些在苦差区，以及哪里才是我真正的渴望区。”一旦她对框架有了清晰的感觉，她就能够把不在她渴望区的任务做删除、自动化或者授权（在后面的步骤二，我们会对此做更多的介绍）。

玛丽埃尔不仅实现了每周 30 小时的工作时间，还使公司不断发展壮大。罗伊和蕾内也是一样，花更少的精力做成了更大的事业。事实上，我认识的每一位处在激情和专精交集区的人都交出了同样完美的答卷。

框架上还存在没有固定位置的第五区，我把它称为发展区。它适用于那些在渴望区外徘徊，有可能进入渴望区的工作。比如，有些工作你可能很擅长但不热衷，你可以培养你的激情；或者，你无比热爱却不擅长，那么你也可以逐步提升你的专业度。谨记不断拓展发展区很重要，因为经验的沉淀会促进激情和专精的提升。

激情或专精并不是生来就有或固定不变的，而是源于好奇心、兴趣，也许还有一些天赋。同时，在完成任务的过程中，时间和实践都起着一定的作用，而任务的进展取决于我们与任务之间逐渐演变的关系。换句话说，激情和专精是个人或专业发展的结果。

今天我在渴望区中的一些任务都是从发展区迁移过去的，很多人也是如此。当我的女儿梅根·海厄特·米勒（Megan Hyatt Miller）第一次为我工作时，她对财务分析毫无热情。她擅长品牌和营销，数据表格和预测令她难以忍受，她对这份工作既无激情也不擅长。不过，她很愿意学习，而且天资聪颖。随着时间的推移和不断的训练，她日益精通。但这还不是全部，随着梅根在这方面能力的提高，她的热情也与日俱增。根据佛罗里达州立大学（Florida State University）心理学家安德斯·埃里克森（Anders Ericsson）等人的研究表明，不断地练习和最终技能的掌握会影响我们在一项工作中获得的愉悦感。我之所以说激情和专精不是一成不变的，是因为这不全然是天生禀赋。作为一名出版业的首席执行官，我可以在一屋子的银行家中占有一席之地，但这不太可能让我感到快乐。然而对于某些人来说，熟不仅能生巧，也能使人愉悦，那个时候，我们要注意，同一个任务已经从一个区域迁移到另一个区域了。

心态是影响任务能否转移到渴望区的另一要素。梅根对未来很有远见卓识，用《盖洛普优势识别器2.0》[㊀]里的说法，对未来的憧憬是她最大的优势。梅根对数字处理越来越感兴趣的其中一个原因，是因为它们在公司目标和战略中起到的重要作用。“财务指标是愿景目标的载体，代表着我们实际运营的能力。”她告诉我。如今，财务建模、现金流预测和高阶预算都是位于梅根渴望区的任务。她现在是MH&Co的首席运营官。

有时，我们知道某些任务超出我们的驾驭能力；有时，我们只是欠缺一些经验。但如果我们能保持开放的心态，抱有探索的动力，工作所需的激情和专精都是可以通过培养获得的。

寻找你的真北

现在你对生产力四象限已经有所了解，我们来看看“自

㊀ 《盖洛普优势识别器2.0》是由盖洛普公司全球咨询业务负责人汤姆·拉思于2007年出版的著作，旨在通过他和优势心理学之父唐纳德·克利夫顿博士及盖洛普科学家团队共同研发的优势测量工具——优势识别器，帮助人们发现并发挥自身的天赋优势，为个人发展与选择、组织效能提升做出贡献。该书出版后连续十年位列美国亚马逊全年畅销总榜前十名。——译者注

由罗盘”是如何帮助你的。你会看到“自由罗盘”的激情轴和专精轴来回旋转，指针始终指向最上方的渴望区。找到真北是航海家最重要的能力之一，而渴望区就是你生产力的真北，就是你想要去的方向。就像罗盘能够拯救在荒野中迷失的生命一样，“自由罗盘”可以指引你穿越毫无意义、效率低下的丛林。

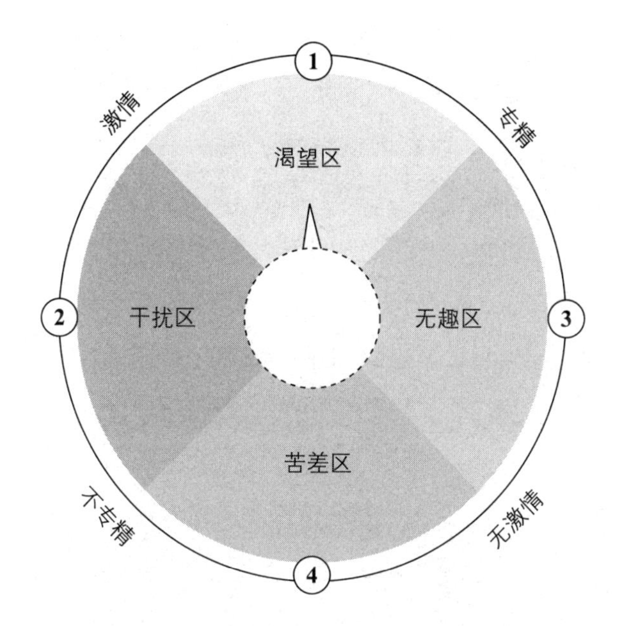

通过旋转“自由罗盘”对标你的激情和专精的交集。你越朝着你的真北努力，朝着你理想的工作努力，你的生产力就越高。下面用两个案例来展示“自由罗盘”是如何为工作指明方向的。

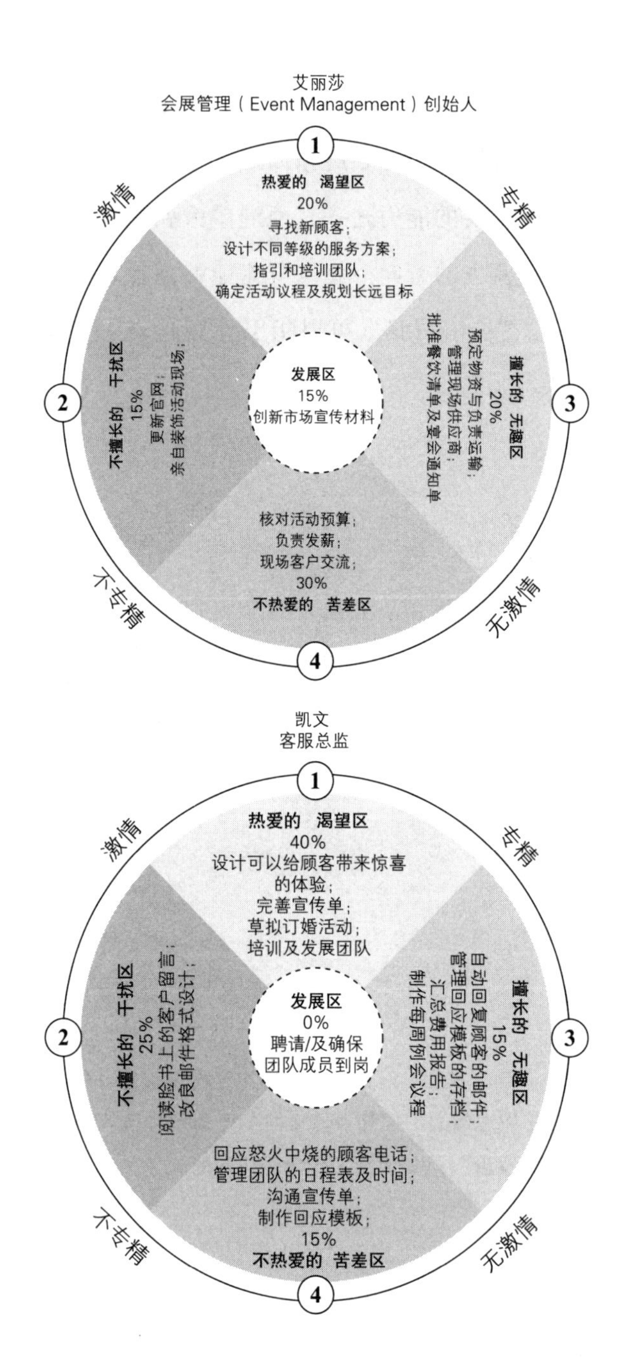
艾丽莎
会展管理（Event Management）创始人
1
热爱的 渴望区
20%
寻找新顾客；
设计不同等级的服务方案；
指引和培训团队；
确定活动议程及规划长远目标
激情
专精
2
不擅长的 干扰区
15%
更新官网；
亲自装饰活动现场；
发展区
15%
创新市场宣传材料
3
擅长的 无趣区
20%
预定物资与负责运输；
管理现场供应商；
批准餐饮清单及宴会通知单
核对活动预算；
负责发薪；
现场客户交流；
30%
不热爱的 苦差区
不专精
无激情
4
凯文
客服总监
1
热爱的 渴望区
40%
设计可以给顾客带来惊喜的体验；
完善宣传单；
草拟订婚活动；
培训及发展团队
激情
专精
2
不擅长的 干扰区
25%
阅读脸书上的客户留言；
改良邮件格式设计；
发展区
0%
聘请/及确保团队成员到岗
3
擅长的 无趣区
15%
自动回复顾客的邮件；
管理回应模板的存档；
汇总费用报告；
制作每周例会议程
回应怒火中烧的顾客电话；
管理团队的日程表及时间；
沟通宣传单；
制作回应模板；
15%
不热爱的 苦差区
不专精
无激情
4

> 真正的生产力就是尽可能地多做渴望区的事，尽量少做其他区域的事。

本书承诺帮助你实现事半功倍地提升生产力的目标，那如何能做到呢？对生产力秘诀的掌握，许多人要么就觉得理所当然，要么就选择视而不见。**真正的生产力就是尽可能地多做渴望区的事，尽量少做其他区域的事**。记住这句话，写在即时贴上，贴在你的电脑显示屏上、贴在你的车里，如果需要，每天背诵十遍。千万不要错过这个关键：真正的生产力就是尽可能地多做渴望区的事，尽量少做其他区域的事。你把时间和精力越多地专注在渴望区的事物上，带给你的工作成果和自由就越多。这就是事半功倍的关键所在。

你投入在自己渴望区的时间越多，你的生活就越美好，你周遭的世界也会因你更加美好。我知道这是一个大胆的言论，我再来解释一下。天生我才必有用，与生俱来的天赋、后天习得的技能、内在的驱动和智慧，都是我们作为独特个体所特有的。当我们运用这些特有的天赋时，我们的效率、能量和影响力都会得到前所未有的释放和提升。你不能成为我，我也不能成为你，但是，我们都可以成为最好的自己。我坚信当我们生活和工作在渴望区时，这一切都会发生。

在继续之前，我再次强调：本书的体系能帮助你快速找到你的渴望区，但改变不会在一夜之间发生。今天，我 90% 的时间都用于渴望区的活动，我也希望你们能尽快加入我的行列。斯蒂芬（Stephen），一名在线销售奇才和客户导师告诉我，他现在已成功地把80%到90%的时间投入到自己渴望区的工作上，但他一开始并非如此。当他第一次参加本书的在线课程时才意识到："我现在做的所有工作几乎都在我的苦差区，我努力想把所有的事情做好，甚至包括修理打印机这类令我痛苦的事！"如果你被委以重任，你能负担把时间浪费在修理办公设备这样的事情上吗？当斯蒂芬意识到自己浪费了多少精力时，他开始用"自由罗盘"指引自己去完成最高回报的任务。这不仅使他重新拥有了余量，而且业绩也翻了一番，他的家庭为此极为感激。他说："这一改变极大地提升了我的生产力基准，同时也给了我更多的快乐。"

现在你对"自由罗盘"已有所了解，就请利用本书的指导和工具，尽你最大的努力，满怀耐心地朝着正确的方向前进。"自由罗盘"是向导，不是靶心；它是指向，不是指针。也许某件事是你喜欢并拥有天赋的，但你还需要提高技艺直至专精；也许你已非常胜任某类事务，只是在寻找点燃你生命激情的契机，这都很好。将发展区作为一个中转站，把你暂时无法判断，但有可能对未来业务产生重要影响的工作，特别是那些能够促进你本应交付结果的任务放入其中。

在此，你可能会产生一个疑问：如果生产力仅仅就是尽可能地多做渴望区的事，少做其他区域的事，为什么我们大都不这么做呢？为什么它会被视为难以实现的目标呢？

突破思维成见，转向真知灼见

在我们努力提升生产力的过程中，最大的障碍可能就是我们的思维成见。虽然我们不是有意为之，但我们的生活其实始终被我们对自己和对环境的一系列观念所左右，这些观念就是**思维成见**。它限制了我们的潜力，建立错误的、狭隘的边界去阻止我们完成更重要、更美好的事情。我们当然可以用一整本书来探讨思维成见，但首要的是瞄准对生产力产生最大影响的七种成见：

1.“我只是没有足够的时间。”我听到过最多的成见就是这句——“我只是没有足够的时间。”换种说法就是——“我太忙了。”我从形形色色各行各业的人那里都听到过这句话，从首席执行官到专业人士、建筑工人、全职妈妈，再到大学生，简直放之四海而皆准：我们都感觉自己太忙了。如果你也正与这种狭隘的成见做斗争，请以真知灼见来替代：“**我有时间完成对我最重要的事情。**”重新审视你身边有着伟大成就的，以及引领世界重大变革的人，提醒自己，你和他们一样，每周也拥有同样的 168 个小时，也可以用你拥有的时间取得非凡的成就。

2.“我只是没有受过训练。”持有这类成见的人，往往把生产力看作是对不同任务进行标注、归档、修正和分类的庞大复杂的体系，如果你也这样想的话，请以真知灼见来替代："完成渴望区的工作并不需要那样训练有素。"当我们在做自己喜欢的事情时，不会抱怨没有接受过足够系统的培训，这类托词通常是留给那些我们不想做的事情的。这其实与专注力有关，如果我们想掌控自己的生活，大部分时间一定会花在热衷并专精的事情上，即使不需要专业的培训，完成这些事也不会觉得很难。

3."我没法真正掌控自己的时间。"不是每个人都是首席执行官、自由职业者或是管理层。也许你一天中的大部分时间安排都取决于你的老板甚至你家人的行程。但是，我们太过经常以此为借口并举手投降说："我没法真正掌控自己的时间。"如果你是这类成见的受害者，请以真知灼见来替代："**我有能力更好地利用我所能控制的时间**。"你不是一个完全听凭外界摆布、随波逐流的物体，你是可以对自己的生活有话语权的。可能有一部分时间要被别人安排，但你仍然可以控制剩余时间，请把握光阴。

4."生产力卓越的人生来如此。"有时候我们会用"生产力卓越的人生来如此，而我不是那样的人"之类的托词来帮助自己摆脱困境，这是完完全全的谬论。那些世界上你最崇拜的、取得了伟大成就的人，并非生来就具有超人的能力，他们只是找到了一种开发潜能的方法，而你同样也可以找得到。如果你是这种成见的受害者，请以真知灼见来替代：**“生产力是可以提升的技能。”**这本书就将告诉你如何开启自己的潜能。

5.“我之前就试过了，但不起作用。”人们以此做生产力缺乏的借口，如果我每听见它一次都能收到一分钱的话，估计我也能发家致富了。但这绝不会是高成就者们的口头禅，事实上，高成就者从不会因为一个解决方案的失败就放弃，相反，他们会一直寻找可行的方法，直到找到为止。如果你对迄今为止的失败感到沮丧，请以真知灼见来替代：**“我可以为取得更好的结果去尝试不同的方法。”**这就是我为什么创建本书中的体系的初衷，因为我尝试过的提升生产力的方式方法对我都不起作用，直到我自己开发出这套体系。

6.“我目前的状况不适宜做出改变，但这只是暂时的。”在我们所讨论的思维局限中，最致命的可能就是它：“我目前的状况不适宜做出改变，但这只是暂时的，我以后会变得更具生产力。”这个成见，尽管看起来似乎合情合理，对未来也充满希望，但它实际上是在破坏提升生产力的所有机会。除非你现在就去改变，不然暂时性的东西最终都会变成永久的障碍。也许你正处在一个繁忙的工作季、正面临孩子们课外活动的旺季，或者你的社交或社区活动不寻常地激增，不管它是什么，请注意这个警告：**它不是暂时的**。这些事务会不断侵蚀我们时间的边界，事情永远不可能“回到正常”。

你想要的正常生活的定义应该由自己决定，如果你不掌控自己的时间，就会被别人掌控。我们不能一再拖延下去改变，相反，我们需要拥抱这样的真知灼见：“**我不必等环境改变后才去行动，我可以立刻着手并取得进展。**”如果你一直在等待完美的时机提升你的生产力、追求渴望的自由，我敢保证，你永远都只会在憧憬。所以，无论你目前的处境如何，都应该从现在、从此刻开始做出积极的改变。

7.“我不擅长应用新科技。”你可能正纠结于自己不擅长应用新科技或不能适应复杂的体系。我们都在试图寻找一种简单地、优雅地提升生产力的方法，但坦白说，现实世界很难找到这种方法。如果你发现自己对众多不同、复杂的生产力应用程序、工具和体系毫无头绪，请以真知灼见来替代：“**真正的生产力并不要求复杂的科技或体系，而是把我的日常活动和我的优先事项协同好，我能够做到。**”事实是，任何人都能做到，只要你相信你能。

以上是我多年来最常听到的七种成见，当然，它们不是全部。事实上，当你读到这里的时候，就有可能冒出很多新的思维成见。我们常常忽略这些成见带来的负面影响，但是这种忽视甚至会危及我们为寻求生产力提升付出的所有努力。如果你不正视你心底的声音，就永远无法清楚自己现在的方位，也永远无法航行至你真正想去的地方。

本章的目的是指引你评估当下你所处的位置。对某些人来说，这可能是本书体系中最难的一个部分，不过也是接下来要做的所有事情的核心。一旦你完成了后面的练习，我们就剩最后一个行动——“恢复”，便能完成步骤一了。

思维成见	真知灼见
我只是没有足够的时间	我有时间完成对我最重要的事情
我只是没有那么自律	完成渴望区的工作并不需要很多自律
我没法真正掌控自己的时间	我有能力更好地利用我所能掌控的时间
生产力卓越的人生来如此	生产力是可以提升的技能
我之前就试过了，但不起作用	我可以为取得更好的结果去尝试不同的方法
我目前的状况不适宜做出改变，但这只是暂时的	我不必等环境改变后才开始行动，我可以立刻着手并取得进展
我不擅长应用新科技	真正的生产力并不要求复杂的科技或体系，而是把我的日常活动和我的优先事项协同好，我能够做到

评估你的工作并重新分区

评估你当下的位置是实现生产力目标最重要的行动，但这一步也恰恰被很多人所忽略。如果你不能认真、诚实地审视自己现在所处的位置，以及是如何走到这里的，你永远也不可能像你期望的那样走得更远、更快。

使用 FreeToFocus. com/tools 上的“任务过滤器”和“自由罗盘”工作表。在“任务过滤器”上列出你的日常任务和活动，以激情和专精为标准，评估清单中的每一项任务，然后根据你的发现确定每项任务在四象限上所属的区域。（现在，先忽略删除、自动化和授权，我们回头再讨论这些问题。）

完成任务分类后，请再花几分钟把它们转移到你的“自由罗盘”上，把每项任务都列入它应属的区域，将所有发展区的活动放置在表盘的中心。把完成的“自由罗盘”贴在你经常看到的地方，并提醒自己尽可能地专注于渴望区的事务上。

第3章

恢复
重燃你的身心活力

如果把插头拔掉几分钟，几乎所有东西都会被重启，也包括你。

安妮·拉莫特（Anne Lamott），美国作家

宾夕法尼亚大学（University of Pennsylvania）教授、高盛（Glodman-Sachs）前雇员亚历山德拉·米歇尔（Alexandra Michel）对每周工作时间在100至120小时之间的投资银行家们进行了一项长达12年的研究，而我们一周只有168个小时。正如我们在第1章所看到的，每周工作50多个小时的企业家、高管和其他专业人士已经在拼命挤时间了，而120小时的工作意味着生活中其他的**一切**如睡眠、人际关系、锻炼、娱乐、精神需求和社区活动等都被压缩。作为补偿，银行会为高管们提供24小时行政助理、餐饮、洗衣等服务，以及其他本地协助。

鉴于银行家们异于常人的专注力，一开始他们的生产力确实很高，干劲十足，利用雇主所给予的各种后勤保障，努力、超时工作，取得了巨大的进步。但这并没有持续多久，也不可能持续很久。

米歇尔的报告指出："从第四年开始，银行家们逐渐遭受亚健康的折磨，慢性疲劳、失眠、背部和身体疼痛、自身免疫性疾病、心律失常、成瘾及强迫症，还有饮食失调导致的判断力和道德敏感度下降。"由于业绩大幅下滑，米歇尔说："银行家们企图单纯通过延长工作时间来弥补产出递减的损失，这使他们陷入因工作时间不断增加带来的长期身心俱疲的恶性循环。"

希望通过不断延长工作时间来提升生产力，就像小狗不停转圈追赶自己的尾巴。新叶项目管理（New Leaf Project Management）创始人杰克·内维尔森（Jack Nevison）从几项不同的长工作时间研究中发现有个效率天花板，即工作时限。如果一周工作超过50小时，额外时间非但不能提升生产力，反而会使生产力倒退。他的另一项研究表明，就算工作50小时也只会产生37小时的有用工作，如果到了55个小时，有用工作时长便会降到接近30小时的水平。所以说，每周工作时间如若超过50小时的临界点，时间投入越多，生产力就越低。内维尔森将其称为"五十定律"。

这意味着，基于大多数人的工作小时数，如果我们还不加以修正的话，生产力已经处在倒退的边缘。加州大学伯克利分校管理学教授莫滕·T. 汉森（Morten T. Hansen）用榨橙汁来比喻长时间工作。他说："一开始，你会挤出很多，但继续挤压直到手指关节变白，也最多再能挤出一两滴。最终你明白了，尽管你竭尽所能，也不可能再榨出果汁了。"一项相关研究揭示，经理们发现每周工作 80 小时的员工和那些爱"划水"的员工相比，业绩没有明显差异，额外的工作时间并没有带来实际的生产力。即使工作到精疲力竭的地步，也不过是用更多的投入换得一点点的成果，这与我们的期望显然南辕北辙。因此，想要事半功倍，我们必须摒弃自身根深蒂固的对时间和精力的误解。

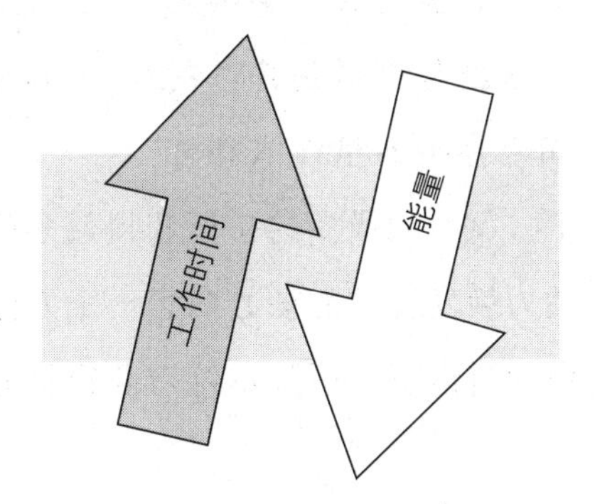

时间是固定的，但能量是弹性的。这意味着工作时间与你投入在生产力上的能量成反比。你工作的时间越长，生产力就越低。

银行家们成了传统生产力神话的牺牲品。他们信奉凭借不断延长工作时间，付出的努力就可以获得持续的回报，一个人每周即使工作 100 小时也保持和自己工作 50 小时时一样的聪明、强壮和投入。特斯拉（Tesla）和SpaceX的创始人兼首席执行官埃隆·马斯克（Elon Musk）发表过一个经典的谬论，他声称："如果其他人每周工作40小时，而你每周工作100小时，那么即使你做的是同样的事情，你只用4个月就能达到他们1年才能达到的目标。"但银行家们和马斯克完全搞错了，100小时只代表数量，不同于40小时所输出的质量。时间是固定的，但能量是弹性的，每天的小时数固定不变，但你的能量会根据多种因素，如休息、营养和情绪健康等上下波动。

我们中的大多数人都有这样的觉察：早上精力充沛，能完成的事情是午饭后的两倍，这就是能量是弹性的证明。因此，如果你把能量投入在你最喜欢的事情上，就可用最少的挤压获得最多的果汁。这就是本章节关于活力焕发行动的核心内容。个人能量是一种可再生资源，可以通过以下七项基本练习获得补充，所以我们必须要：

> 时间是固定的，但能量是弹性的。

1. 睡眠
2. 饮食
3. 运动
4. 社交
5. 玩耍
6. 反思

7. 断电

让我们从本就拥有的第一项资源开始练习。

练习 1：睡眠

迪士尼前首席执行官迈克尔·艾斯纳（Michael Eisner）在称赞一位高管时说："他视睡眠为他的敌人之一，他认为正是睡眠让他无法 100% 地利用时间。他总还有要开的会，是睡眠不能让他把事情做完。"有时我们都相信这类神话，但这并不值得推崇。我们说服自己早起或晚睡一点，挤出时间多开一个会或多做一件事，这种想法相当普遍。

美国人每晚平均睡眠时间不足 7 小时，这个数字虽然已经低于建议的 8 小时，但还是被高估了，因为 7 小时通常指的是人们在床上的时间，而不是实际用于睡眠的时间。研究人员称，人们的睡眠时间比想象的还要少 20%，而这只是平均值！在商业世界里，我们推崇的是谁睡得更少。

百事可乐、西南航空、菲亚特·克莱斯勒、推特和雅虎的领导者们，都声称自己的睡眠时间只有建议的一半，似乎睡眠越少，炫耀的资本就越多，这在各级企业家和领导者中形成了一种自我强加的期望，即如果你想成为其中最优秀、最出色的人之一，你就应该是个超人，只可惜我们并非超人。一项调查显示，三分之二的领导者们对自己的睡眠时间表示不满，超过一半的人抱怨睡眠质量低下，导致高昂代价。

我们视枕头为生产力的敌人，但缺乏睡眠最终将损害我们的工作。例如，《柳叶刀》发表了一项研究表明，24小时不睡觉的外科医生不仅犯了更多的错误，常规作业处理时间还增加了14%。这种损害相当于醉酒，而且这个结果还不是以通宵熬夜的普通人为样本得出的。在另一项研究中，连续两周每晚只睡6个小时的人，其反应能力与法定的醉酒者相当。当我们剥夺自己休息的权利时，不是在提升生产力，而是在确保失败。

夜间修复是生产力的基础。足够的睡眠能使我们保持思维敏锐，提高记忆、提升学习和成长的能力。睡眠帮助我们恢复情绪状态、减轻压力、给身体充电。与之相反，睡眠不足让我们难以集中注意力、解决问题、做出正确决定或与他人和睦相处。正如神经学家佩内洛普·A. 刘易斯（Penelope A. Lewis）的阐述：“睡眠严重不足的人创新力低下，容易坚持原有的、已无法持续奏效的老路子。”

这正是高效领导者和企业家们应强调充足睡眠的原因。亚马逊首席执行官杰夫·贝佐斯（Jeff Bezos）告诉Thrive Global[㊀]：“8小时睡眠让我焕然一新，这是保持我精力充沛和兴奋的能量来源。”美国安泰保险公司（Aetna）董事长兼

㊀ Thrive Global：该公司从事消费者健康及生产力平台搭建。——译者注

首席执行官马克·贝托里尼（Mark Bertolini）为了让员工优先安排睡眠时间，甚至为他们提供现金奖励。他在一次采访中说："半睡半醒不可能有良好的状态，我们业务发展的基石是员工全身心地投入工作并做出最好的决定。"

恢复活力的休息基于数量和质量两方面的保证。对于成年人，不管日程表上写着什么，也不管谁请求他们的时间与关注，必须保证每晚 7 ~ 10 小时的睡眠以保持最佳状态。你要允许自己尽量多睡以找到最佳状态的自己，但必须承认，这不容易做到。如果你的日程很满，你可能需要牺牲花在脸书或网飞上的时间。网飞首席执行官里德·哈斯廷斯（Reed Hastings）就承认："我们正在与睡眠竞争。"如果你有年幼的孩子，你和你的伴侣可能需要轮班睡觉，甚至偶尔雇一名夜间保姆来保证你们不受打扰地休息。你甚至可以考虑有几个晚上和孩子们一同上床，以获得额外的睡眠。

你也可以在日程表中添加短暂的午睡时间来增加睡眠数量。别笑，小憩就是我生产力的秘密武器。每天午饭后我都会小睡片刻，这令我整个下午思维敏捷、神采奕奕。午休时间不要超过 20 ~ 30 分钟，否则你很难醒来，并会感到昏沉和难以振作。我们有一长串的名单，包括温斯顿·丘吉尔、道格拉斯·麦克阿瑟、约翰·F. 肯尼迪、约翰·罗纳德·瑞尔·托尔金、托马斯·爱迪生等领导者、艺术家、科学家，以及其他通过"战略性小睡"来提高业绩表现的人们。正如散文家巴巴拉·霍兰（Barbara Holland）所说："像跳伞一样，午睡也需要练习。”如果你需要一段时间才能掌握这个技能，不必大惊小怪。

至于睡眠质量也有数种方法可以改进。各项研究结果均表明，睡前一小时关掉所有的屏幕（电视、手机、平板电脑等）可以显著改善你的睡眠质量。还可以通过增加遮光布、降低室温、使用白噪音等方法改善睡眠环境，或者消除音响、手机应用程序、卧室电风扇的噪音等。小的改变会带来巨大的变化，让你在起床时更加神清气爽、精力充沛。

练习2：饮食

我们所吃的食物会对我们的能量水平产生直接、持久和强大的影响。运动员对自己的摄入量如此警惕正是源于此因。如果身体缺乏支撑高效率运转的营养，世界上再好的生产力体系也无法对你有所帮助。

这里，我们只谈谈午餐的影响。睿仕管理于2012年进行的一项职场调查发现，只有五分之一的员工会离开办公桌去吃午餐，另外五分之二的人在他们的办公桌旁进食。接近40%的员工和经理只是“偶尔”或“很少”吃午餐。我们会把午餐视为一种干扰，但真相是，午餐对能量延续的好处是巨大的。换句话说，不吃午餐会让我们困倦、昏沉、疲惫不堪。

离开办公桌去吃午餐的另一好处是创造性。加州大学戴维斯分校管理研究生院（UC Davis Graduate School of Management）职场心理学专家金伯利·埃尔斯巴赫（Kimberly Elsbach）表示："当人们改变所处的环境时，是创造力和创新力产生的时候，尤其是完全置身于大自然的环境下。"她力证道："待在室内，待在同一个地方，既不利于创新，也不利于静思，而这是新想法过滤和孕育所必需的，也是一个人可能达致顿悟所必需的。"错过午餐意味着你牺牲了突破性的，可能让你在公司得到一个晋升的机会，但换来的仅仅是惯常持续的电话、会议、表格和邮件。

当然，关于数百种健康饮食构成的不同观点，不在本书讨论范围之内。但是，如果你从来没有把健康饮食放在首位，请允许我分享一些建议。

首先，选择天然食品，如蔬菜、水果、坚果和肉类，它们几乎比任何包装食品都要好。外出就餐时要格外留心，菜单上很少提到所用原料的质量。

其次，如果你没有亲自研究过健康饮食，不要假设自己很懂。摄入无效营养的道路是由人们对食物好坏的预先假设铺就的，懂得应该吃什么并不容易，因此更需要做些研究，找出最适合自己的。

第三，谨慎选择你喝的饮料。最好的方法是尽量多喝水。

第四，研究适合自己的营养补充方案。选择合适的补充剂有助于弥补我们饮食中的营养不足。

第五，和谁一起吃饭也很重要。吃饭是建立人际关系的重要方式，它不仅意味着能量补给，还意味着愉悦和社交，像在床上的高品质时光一样，餐桌上的高品质时光也是生产力提升的关键。

练习3：运动

我们常常告诉自己没有足够的能量去锻炼，但锻炼本身就能让我们获取能量。事实上，很少有什么能像一项适宜的锻炼对我们的能量水平造成正向的影响。如果你能早起锻炼，一整天都将得到丰厚的回报。

根据美国疾病控制与预防中心的说法，“只有少数几种生活方式的选择对健康的影响多于体育锻炼”。有规律的锻炼有助于控制体重、减轻压力、增强活力、降低患上心脏病和癌症的风险，还能全面提高生活质量和寿命。并且，你并不用每天花数小时在健身房就能得到益处。美国疾病控制与预防中心表示：“每周进行至少150分钟中等强度的有氧运动，可以降低早亡的风险。”这比每天进行25分钟的体育活动还要少。即使是午饭后的快走，也能帮助你在改善健康、减肥和保持体重、改善睡眠和提高能量水平等方面取得巨大进步。

锻炼不仅强身健体，还能增强思维，体育锻炼使我们的大脑处于更高的运行水平。记者本·奥派瑞（Ben Opipari）

在**《华盛顿邮报》**上解释道："一项简单的锻炼能立刻提高你的高阶思维能力，让一天繁重的工作更有生产力和效率。锻炼你的腿的同时你的大脑也得到了锻炼，这意味着即使午餐后短时间的锻炼也可以提高你的认知能力以及执行能力，后者是一种更为高阶的思维方式，帮助人们阐述论点、发展战略、创造性地解决问题和处理综合信息。"同样，这并不需要花费太多时间。奥派瑞说："只要以最高心率的 60% ~ 70% 进行 20 分钟的有氧运动就足够了。"

通常我不会建议以临时应急的技巧来提升生产力。如果你想提升你的精神和体能，创建反思和解决问题的良好氛围，同时提高整体的健康水平，请现在就尝试去健身房或者跑步、走路等行之有效的方法。

众所周知，高成就人士们很难平衡家庭与工作。这可能听上去很疯狂，但锻炼确实能够令这种情况大为改善。你可能会说："在已经排得满满的日程表上再加上一件，怎么可能帮助我平衡家庭和工作生活呢？"这的确是个很好的问题，一项研究就此给出了答案。罗素 · 克莱顿（Russell Clayton）在《哈佛商业评论》上发表文章称："新的研究显示，有计划、有设计、有目的和有规律地进行体育锻炼的人，其处理工作和家庭的能力也会更强。"

人们经常说他们没有时间锻炼。但研究表明，持续锻炼的人实际上比不锻炼的人更能平衡工作和家庭的需求

克莱顿进一步阐述了他的两个重要发现。首先，“锻炼可以减少压力，压力越小，在工作和生活两个领域投入的时间就越具生产力，也越愉悦。”其次，“锻炼产生强烈的自我效能感[一]，激发有能力完成任务的信心。”可简单归纳为：锻炼降低了我们的压力，增强了我们的**感受**，创造出一种我们可以征服世界的感觉，这种思维模式对我们处理家庭和工作的责任影响巨大，它甚至影响了我们如何对待工作、如何与

[一] 自我效能感指个体对自己能否在一定水平上完成某一活动所具有的能力判断、信念或主体自我把握与感受。它与一个人的能力水平相关，但并不代表个人真实的能力水平。自我效能感决定了人们对行为任务的选择及对该任务的坚持和努力程度。同时也影响人们在执行任务过程中的思维模式以及情感反映模式。（来自MBA智库）——译者注

客户和竞争对手打交道，以及如何实现宏大愿景。先不论时间上的压力，保持有规律的日常锻炼将迫使你磨炼你的自律性，提升你自我牺牲的能力；而且，还帮助你训练你的效率、奉献精神、计划性，以及关注兴趣和机会并进行取舍的能力。总而言之，锻炼会给你生活的方方面面都带来好处。

为了论证这一点，芬兰的研究人员分别对5,000对男性双胞胎中好动和久坐不动的两组人群进行了近30年的跟踪研究。他们发现，即使是基因潜力大致相同的双胞胎，定期锻炼的人长期收入的水平比不锻炼的人高出14%～17%。研究人员得出的结论是，锻炼“使人们在面对与工作相关的困难时更加坚持，提升他们投身竞争环境的欲望”。这些特质直接适用于商业环境，坚持与欲望相互叠加就能在市场上形成巨大的竞争优势。

练习4：社交

涉及能量管理，便不能避而不谈他人对我们能量水平造成的影响。相比于其他因素，我们周围的人具有极大的增强或消耗我们能量的力量。你可以拥有充足的睡眠、健康的饮食和每天都外出工作的生活。但如果你封闭自己、离群索居，不在有质量的朋友和家庭关系上做任何投入，或更糟糕，与情绪化的僵尸为伍，你错过的将是整个世界最强大的能量之源。

心理学家亨利·克劳德（Henry Cloud）在《他人的力量》（*The Power of the Other*）一书说："不可否认的现实是，你在生活和事业中的表现，不仅取决于你做了什么和做的方式，还取决于你是和谁一起做，或者他们对你做了什么。"若将这一观察与自我能量管理联系起来，他说："不仅要管理你的工作量和休息时间，同样重要的是，管理你周围的**能量源**。"换句话说，生产力即人际关系。

西北大学凯洛格管理学院（Northwestern's Kellogg School of Mangement）副教授迪伦·米纳（Dylan Minor）对一家大型科技公司员工所做的研究证明了这一点。迪伦在确定了高绩效员工后，对其周围的人进行了分析，坐在高绩效员工附近半径25英尺[㊀]内的同事们，其业绩表现平均提升15%，相当于比业绩基线高出100万美元。但正如心理学家克劳德所说："人们能带来能量，也能带走能量。"同时，米纳教授也发现，低绩效员工对利润的影响程度是高绩效者的两倍。

你周围的人除了你的组织成员（那些你经常在工作中打交道的人），还包括你整个社交圈在内（每位与你经常打交道的人）。你的伙伴、同事、顾客和客户，都在你的能量管理中扮演着重要的角色。还有你的朋友、家人、熟人、社区居民和其他人，甚至是脸书上的朋友和推特上的追随者，都会有所影响。正如我曾听丹·沙利文（Dan Sullivan）说过

㊀ 1英尺=0.305米。

的，有些人为你打气充电，有些人消耗甚至榨干你，无论以哪种方式，他们都影响着你的能量水平。

为了最大限度地恢复活力，你必须有意识地维护这些链接。晚上见见朋友、和家人短途旅行或者与同事一起喝杯咖啡，随着时间的推移，这些都会给你带来巨大的能量和关系资本回报。同样，在脸书上与一位大学旧友进行不愉快的政治交流，也会让你持续数小时陷入不安。克劳德建议进行一次社会关系盘点，你周围的人是能量的生产者还是能量的消耗者？即使环境迫使你需要和消极的人建立关系，了解他们可能造成的影响也可预防最坏的事情发生。

有时我听到人们说他们没有时间交朋友，超负荷工作的人更是无暇顾及。人际关系就像睡眠或锻炼一样，是高业绩的关键要素，然而当任务堆积如山时，首先舍弃的往往就是这些。可是，对于真正的生产力来说，人的因素应是最需要优先考虑的。也许你已忘记了我们是有思想、有情感的活生生的人类，而不是一台只知道埋头苦干的机器，不是所有的事情都能通过在待办事项列表上打勾来衡量。生活中许多美好的事情发生在工作的间隙，在有意为他人留出的时间中。

练习 5：玩耍

你知道有句俗话：“只会工作不会玩耍，聪明的孩子也会变傻”吗？不懂得张弛有度，就算聪明的人也会缺乏效率和创造力、丧失注意力且生产力低下。不管有多少重要的事情需要去做，永远不要低估生活中玩耍的力量，因为总有问题需要解决，有截止日期要赶，有任务要完成，这一切都不会在短时间内发生改变。如果你不断把放松、玩耍推到次要的位置，或者是推到对遥远退休生活的幻想中去，你将失去玩耍所产生的恢复活力的能量。

那如何定义玩耍呢？它是为了活动本身，为了乐趣，为了与他人的联系，或者为了表达你自己的创造力进行的；它可以是一项运动，或是画画这样的爱好；它可以是和孩子们摔跤，或者和你的狗玩扔球游戏；它也可以是户外远足，或在小溪里钓鱼；它有时关于冒险，有时关于休闲；它还可以是学习吹美洲土著长笛（我最喜欢的兴趣之一）、在公园里玩飞盘、在海里游泳、在球场上打网球；它对不同的人来说可能是一个吉他圈子，或是猜字游戏、国际跳棋、棋盘游戏和拼图游戏；有时它是挑战和竞争，有时它只是闲逛。不过，无论什么活动或地点，玩耍对恢复活力至关重要。

玩耍的魅力在于对结果没有预期压力，随性自主，使人乐此不疲。当你无须为某件事的结果焦虑担心时，你就可以达致只问耕耘不问收获的意境，这意味着你可以退后一步，体验、尝试新的事物，想象那个与表象截然不同的世界。正如作家维吉尼亚·波斯特里尔（Virginia Postrel）所说：“玩耍孕育了灵活的头脑、对新领域思考的意愿，以及出乎意料的链接能力。玩的意义不仅是鼓励问题的解决，更是通过新

生活中最美好的事情，
莫过于永远不需要检查待办事项清单。

奇的想象，培养创造力和清晰的思维。”玩耍推动了创新的突破。

成功人士的习惯我们都有所了解，但他们的爱好我们是否熟知呢？正如精神病学家斯图尔特·布朗（Stuart Brown）所说：“不会玩的人也做不好工作。”那些最优秀、最聪明的人早已深谙此道，如比尔·盖茨打网球，还和沃伦·巴菲特打桥牌；推特前高管迪克·科斯特罗（Dick Costolo）喜爱徒步、滑雪和养蜂。谷歌联合创始人谢尔盖·布林的业余爱好是健身、单车和冰球，这些活动对他们的成功而言不是可有可无的，而是不可或缺的一部分。美国总统乔治·W. 布什、吉米·卡特（Jimmy Carter）、尤利西斯·S. 格兰特（Ulysses S. Grant）和德怀特·艾森豪威尔，还有温斯顿·丘吉尔都是绘画爱好者。历史学家保罗·约翰逊（Paul Johnson）说：“丘吉尔强大的力量来自他的放松能力。”绘画正是这种力量的主要源泉。丘吉尔这项爱好始于其职业生涯的暗淡期并持续整个余生，即使是在二战的至暗时刻，他仍然坚持作画。正如约翰逊总结的那样：“丘吉尔在全力以赴工作与创新以及空暇复原之间保持平衡的能力，是值得任何一名身处高位之人研究学习的。”

丘吉尔本人也说，恢复的关键是脱离惯常的工作轨迹，我们在玩耍中使用身体和思想的方式与工作时是不同的。他在一篇关于绘画的文章中写道：“就像被磨损的外套肘部一样，如果一个人想耗尽某个特定部分的精力，只需持续使用并使之疲惫即可。”此外，他还补充了一个重要的区别：

在脑细胞和无生命物体之间存在着差异，若想让大脑疲劳的部分获得休息和加强，不只可以通过休息，还可以使用脑部其他部分。仅仅关上惯常兴趣领域的灯是不够的，还须为未曾探索的全新领域点燃一道光。

丘吉尔接着说：“让连续 6 天工作或为重要事情焦虑的商务人士，在周末也持续工作或为琐事担心是行不通的。我们要想满血复活，重要的是勇于改变。”

这也许就是置身于自然界的时光为什么如此具有修复力的原因之一。从忙碌的生活中抽出一点时间来亲近大自然，哪怕只有几分钟，也能给我们的精神耐力和认知力带来积极的影响。在一项研究中，进行记忆力和专注力测试的人们穿行过植物园后分数普遍提升了 20%。不需要很长的时间，在大自然中短暂的“小憩”对我们的大脑就有显著的益处。而长时间沉浸在大自然中，对我们的创造力和解决问题的能力都会有更大的帮助。另一项研究表明，在野外待了 4 天并中断和所有科技的联系之后，学生们在解决问题能力测试中的表现提高了 50%。研究人员说：“我们的研究结果表明，沉浸在自然环境中更易提升我们的认知优势。”

而且，亲近大自然所带来的精神愉悦的积极状态不仅能提升专注力、创造力和解决问题的能力，也能改善我们的情绪和宽容度等其他很多方面。在大自然中沐浴是恢复精力非常好的方法，当我在户外全然放下，总会如沐春风倍感轻松。事实证明，亲近大自然不仅是压力的杀手，还有如下一系列其他的好处，包括：

- 恢复体力
- 减少焦虑
- 减少肌肉紧张
- 降低压力荷尔蒙
- 降低心率
- 降低血压

这些好处恢复了我们的精神健康，当然，也形成了良性循环。不管我们是否会把这些好处看成可有可无的附加品或是生活品质的升级，但事实是，安排固定的时间玩耍、放松和休息是生活本来应有的样子，尤其是在大自然的环境中。如果你想保持敏锐，需在你繁忙的日程中定期安排休闲、锻炼和忘情的玩耍等活动。

练习6：反思

另一个恢复活力的源泉是反思。这可以有多种形式，最常见的是阅读、写日记、内省、冥想、祈祷或礼拜。到目前为止，我们所讲的大多内容着重在身体本身，如睡眠、饮食、运动等，这些都是对我们的身心有益的活动，但与此同时，我们也要有意识地花些时间激活我们的大脑和精神。本书第一部分我们称为驻足思考，如果你还未曾尝试，在这个部分最后一件你要做的事就是：停下、反思。我们需要腾出更多时间做不同形式的反思练习，否则就会有迷失自我的风险。

对于忙碌的人而言，很容易以一种极致的速度匆忙度过一生。我们总是匆忙做出决定、付诸行动，但却从没有停下脚步想清楚自己要去哪里、会影响谁，以及所有这些决定和行动叠加在一起究竟意味着什么。这种持续数周、数年甚至数十年的自我觉察的缺失，令我们的生活忙碌而随意，常常处在疲于应对外界压力的状态，但这一定不是你想回望的生活。

越是这样的时代，如日程表的疯长、社交媒体的盛行和即时满足文化的流行，越是应该内省反思。否则，我们很有可能随波逐流，不再深入思考生活的意义，关注点也只局限在社交平台上的状态更新、点击购买时的快感和媒体电视的狂欢上。唯有放慢脚步，驻足思考生活的全部和推动世界的方式，才能让旺盛的生命力重现生机。

所以，请每天花一些时间认真反思，什么是对你真正重要的？你今天感觉如何？努力为自己的每一天营造出空间，来反思包括你的决定、成就、挫败、想法、见解，以及所有让这一天过得特别的事情。这个练习将确保你不会迷失在生活的琐碎中，而是与更大的目标紧密连接。紧紧与“目标”相连，将会给予你面对每一天的工作和竞争时无穷的能量与力量。

练习7：断电

那么，如何通过这些练习赢取胜利呢？这并不是一个空洞的问题，因为就算你认同上面所有的练习，想要做到也并不容易。我们已经习惯了超负荷的工作，即使有意识地切断也能轻易恢复。不知不觉间我们就会陷入无益的模式中，例如，本应留有时间余量来恢复精力，我们却选择周末加班或牺牲睡眠。我们的手机总不离身，电子邮件点击可收，任凭各种资讯不断地叮咚作响自动提醒，夺取着我们的注意力。

当然，你或许可以投资一个私人的、房间大小的法拉第笼[㊀]，保护自己免受任何传入信号的干扰。虽然这样的做法有些过头，但我们仍然需要以某种方式来保护自己不受干扰。鉴于这是多数人的挣扎，我建议你制定某些规则来帮助你在晚上、周末和假期断开与外界的联系。下面是我经常使用的四种方法（除了其中的一个，其他的你都可以在第8章

㊀ 法拉第笼（Faraday Cage）是以电磁学的奠基人、英国物理学家迈克尔·法拉第的姓氏命名的一种由金属或者良导体形成的笼子，用于屏蔽外界的电磁波等干扰。这里作者的寓意是创造一个假定不受外界干扰的环境。——译者注

中找到)，你可以自由创建属于你的方式，并分享给任何一个有可能帮助你一起实现的人。

第一，**不去想任何工作**。下班后将工作暂时抛至脑后，与家人和朋友们在一起还思虑工作，其实就是心猿意马、心不在焉、人在而神不在。要尤其留意思虑蔓延，在非工作时间，当意识到自己又在想工作的时候，把注意力立即转移到其他事情上。

第二，**不去做任何工作**。这包括试图保持连接和了解最新情况。把你的手机设置为免打扰模式，无视邮件和聊天群，屏蔽一切可能的干扰，如把手机放在抽屉里、关闭桌面的应用程序，以及不在休息时打开任何的邮件或聊天平台。

第三，**不去谈论任何工作**。要避免把休息的时间用在讨论项目、销售、促销或工作等问题上。给自己和家人一个充分放松的时刻。告诉你周围的人，如果你使用工作用语聊天，给你警告或判你犯规。

第四，**不去阅读与工作有关的任何书籍**。这包括与工作相关的书籍、杂志、博客、培训视频等。培养其他兴趣，利用空闲时间激发与工作无关的激情。

除了充足的睡眠，断电可能是这七项练习中最具挑战性的一项。研究人员让 10 个国家的 1,000 名大学生在 24 小时内远离手机，大多数人都无法做到。“我感觉自己像个瘾君子。”其中一人说。“我坐在床上发呆。”另一个人说。“我无事可做。”还有人说。现在，你知道为什么所有的练习都如此重要了吧。我不是建议你断开和所有设备的链接，这可能有帮助但有点极端。相反，我建议以其他有意义的非工作活动来充实你恢复活力的时间，比如玩耍、社交和反思，这样你才能得到真正的身心沐浴、能量复活。

重塑自我

我希望这一章节已经打破了长期以来关于时间管理与能量管理的神话。记住，时间是不可再生资源，它是恒定的。任何事情都不能为一天增加哪怕一秒的时间。然而，能量是可再生的，是可塑的，我们可以积极地采取一些措施，将它重塑成有益于我们的能量，如通过睡眠、饮食、运动、社交、玩耍、反思和断电去恢复活力，然后我们可以指挥我们的能量、规划我们的目标、改善我们的生活，这将带领我们走向一直寻找的自由。

神奇的事情发生在我们愿意停下脚步的时候，停下脚步意味着创造出空间去**规划**，对我们最终想去哪里、最终想要什么样的生活了然于心；停下脚步也意味着我们有时间去**评估**，对目前身处的位置和状况了如指掌；停下脚步还意味着我们腾出时间去恢复活力，通过有目的的休息、恢复健康和改善人际关系，完善自身以及恢复自我能量的储备。或许以停下作为开始是违反直觉的，但我希望现在的你已经体会到驻足反思的价值。你的梦想只有当你清楚地知道当下的位置和最终的目的地时，才可能成真。

完成下面的练习后，就可以迈向第二步，即“删除舍弃”了，那时，你将见证你崭新的生产力愿景的形成。

恢复活力自我评估表

休息、锻炼、健康饮食、建立人际关系和断电反思，过去也许我们很难抽出时间来做这些事，但现在你已清楚这些事情的重要性，你知道你的生活因此会变得更美好，你知道你将拥有更多的能量和精力，你知道你的生活，包括生产力在内的方方面面都将大为改善。

从 FreeToFocus. com/tools 下载“恢复活力自我评估表”。根据评估问题给自己打分，然后把分数记下来，虽然这样做会耗费时间，但这个工具能帮助你明确哪些地方需要你及时的关注。可以考虑每隔几个月重新做一次评估，看看你的进展，以及还有哪些方面需要关注。

接下来，从 FreeToFocus. com/tools 下载一个恢复活力的快捷版。这个工具可以帮助你反思七个练习中的每一个可行的目标。当你确定每个领域至少有一个专注的目标后，再为下个月选择两个，然后，用一个“激活触发器”时刻提醒自己还有目标需要完成。这可以是你贴在浴室镜子上的一张便条，也可以是你在手机上设置的一个提醒，总之，是任何能让你记住，并敦促你马上采取行动的方法。

深度专注力

管理精力和时间的9种方法

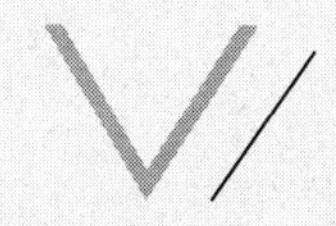

步骤二

删除舍弃：删除、自动化、授权

第 4 章

删除
锻炼你说“不”的能力

> 我对我们做过的事情感到自豪，我对那些我们决定不做的事情也同样感到自豪。
>
> ——史蒂夫·乔布斯（Steve Jobs）

几年前，我让自己经历了职业生涯中最糟糕的一周。我之所以说是“我让自己经历”的，是因为是我自己应承了太多的事情。在一周内，我出席了三家公司的董事会议，其中两家在外地；在出差期间，还答应了五个不同主题的演讲；以及为我即将出版的一本书审阅编辑稿。还有，在忙于开会、演讲和审稿的同时，我还处理了 669 封发至我私人邮箱的邮件。那一周我焦头烂额、疲惫不堪、不知所措，但这一切完全是我自己造成的，是我自己来者不拒，对所有的事情都说：好！

你可能也有过这样的几周、几个月或者几年的时间，在工作、家庭、社会活动以及其他各种各样的承诺中疲于奔命。但凡有人提出请求，我们就轻易地将自己宝贵的精力奉献出去。我们也知道不能事事都答应，但仍然会承担远远超过自己应该承担的责任。为什么我们要这样对待自己呢？大多数人是因为缺乏勇气。我们或是讨厌冲突，或是不想令别人失望，或是担心错过新的机会，但不管什么原因，开始习惯坦然说“不”的时候到了。

秘诀是时刻要记住什么才是对自己至关重要的。此前，你已经弄清楚了自己**为何**而奋斗，现在你必须时刻记住这一奋斗的理由。勇气是为了某个重要的价值或原则，无所畏惧去行动的意愿。你奋斗的理由就是坚守这一重要的价值或原则！这意味着它值得被守护！如果连你自己都不坚守，谁又能为你守护呢？

如果我们想要心无旁骛的专注，必须排除一切阻碍我们的障碍。不仅是对糟糕的提议说“不”，也包括婉拒很多好的、有价值的想法。在当今忙碌的世界，过度工作和过度承诺都很容易，难的是鼓起勇气对不重要的请求说“不”，是勇于删除那些已经蚕食你时间和精力的任务。当其他效率体系专注于构建完美的待办事项清单时，我宁愿把精力投入在另辟蹊径的事情上，构建我的“非待办任务清单”。

勇气是为了某个重要的价值或原则，无所畏惧去行动的意愿。

在这一章节中，你将发现如何通过删除那些不重要的、毁掉你一天的、令你离目标越来越远的任务，重新找回你的时间。我们将对这些时间杀手发起攻击，在无损业绩的前提下，使用五种方法巧妙地将它们从你的日程表和任务列表中删除。通过这样做，你将学会如何删除不必要的任务和承诺，计算出所有你轻率承诺“是”的真实成本，释放说“不”的能量。当今的社会，说“不”似乎不太可能，但也并没有你想象的那么难。没有什么比这个强有力的“不”字更能激励你和提升你的生产力了。现在就让我们一起学习如何实施。

了解时间动力学

扑克游戏本身并不能创造财富，但可以用来转移财富，所以它通常被称为零和游戏。游戏的全部筹码就是每个玩家投注的总和，假设 5 名玩家每人以 100 美元下注，那么游戏的赌注就是 500 美元，就是这么简单。在整个游戏过程中，每个玩家将持有这 500 美元中的不同份额，在任何给定时刻，每个人持有量的总和就是 500 美元。如果玩到“赢者通吃”，赢者将会得到不多不少的 500 美元。任何人玩一个晚上都不可能创造出更多的钱，他们从头到尾玩的就是这最初的 500 美元。

即使我们讨厌说“不”，

也必须明白，本质上每个“是”都包含了“不”。

时间也一样，是一个零和游戏。就像我们在第 3 章看到的，时间是固定而非弹性的，你和我每周都只有 168 个小时。如果时间是一个零和游戏，那么你的日程表也会是。我们必须意识到对一件事说“是”，即是对另一件事说“不”。即使我们讨厌说“不”，也必须明白，本质上每个“是”都包含了“不”。例如，如果有人要求早上 7 点和我一起吃早餐，如果我不对早上的锻炼说“不”，我是不能对吃早餐的请求说“是”的；或者，如果我接受客户在工作日的晚餐邀请，那我就得对与妻子共进晚餐说“不”。你明白这是怎么回事吧？事实就是这样，即使我们讨厌说“不”，我们也在每次说“是”的时候，不知不觉地说了“不”。

最终所有这些“是”和“不”加起来，我们发现自己已被满满当当的日程淹没。因此我们可以得到这样的共识：如果不做删减，哪怕再增加多一件事都是奢望，这即是说，我们必须做出选择！但这些选择并非基于好与坏做出的，而是在好、更好、最好的竞争机会之间的决策。

权衡取舍

对生产力而言，“是”与“不”，是两个最有力量的词汇。我们必须认识到“是”与“不”的相互取舍关系。如前所述，每次我们对一件事说“是”，无可避免地即是对另一件事说“不”。记得吗？时间是固定的，我不能在同一时间，又接受客户的晚餐邀请，又和妻子一起吃饭，即使我没有对妻子说“不”，但接受客户的晚餐邀请本身就意味着我要对我生命中最重要的人说“不”，这就是我对客户说“是”付出的代价。

当然，我并不是暗指所有的“不”都是无益的，事实也恰恰相反。一旦你理解了取舍的本质，你就会发现在需要的时候说“不”更容易。当你面临机会时，最重要的是慎重考虑你将做的取舍，但大多数人都不这样，我们总是脱口而出“是”，然后才意识到“是”的代价。所以，当你做决定的时候，如果你知道自己是有意放弃另外一件事的，这些决定即是在你控制之中。因此，你可以有意地通过回答一些棘手的问题来计算说“是”的成本：例如，你可以问问自己，如果对这个机会说“是”，我需要放弃什么？或者，如果对这个机会说“不”，会让我有机会对更好的事情说“是”吗？权衡这些取舍是一种能力，尤其对那些经常纠结于说“不”的人而言。

过滤你的承诺

在检查我们承诺决策中的取舍时，如果有一个帮助我们处理邀请、请求或机会，并决定是否应该说“是”或“不”的过滤器，会不会让决策更容易些呢？想象一下：有一个请求进来，让它在一个准备好的、熟悉的决策框架里运行，正确的答案顷刻间就变得清晰。好吧，你猜怎么着？我们恰好已经准备了一个这样的过滤器，用来帮助你做出明智决策。

在第 2 章，你已完成了“任务过滤器”和“自由罗盘”工作表，这就像一个指南针，为你指明正确的方向。当你迷路或开始偏离正确方向时，它会提醒你，你的真北，也就是你的渴望区在哪儿。所以，当新的要求和机会出现时，先去回顾你现有的任务和承诺清单，为了更美好的生活，有一条经验法则你必须坚守：即不处在你渴望区的所有事情都有可能被删除。我不是说所有的事情都应该或将被删除，但它们都应该位列候选清单。如果某件事不在你的渴望区，至少你需要停下来问问自己，我应该删除它吗？

学会说“不”和将任务删除，应该都不是你最初拿起这本书时想象的关于生产力提升的画面，但现在你应该已有所了解，你不再是崇尚多劳多得谬见的受害者。你应该知道，真正的生产力是做正确的事情，而不是把更多的事情塞进紧凑的日程表，即是说，删除不必要的事情是必要的。

请把自己想象成一名园丁。一名好的园丁是不会允许植物野蛮生长的，所以，他会不断地修剪枯死或不健康的枝叶，直到剩下最结实的部分。只有所有的枯枝被剪掉，植物才可能茁壮成长，充分释放其生长潜力。你的生产力真相也是如此，通过删除不必要的事情，为真正重要的事情创造出蓬勃发展的空间。很多人在这个阶段会感到紧张，但这本应是你最爽的体验。因为现在的你已经清楚如何使用自由罗盘来引导方向，开始井然有序地处理你的承诺、项目和任务，出色地完成删除工作了。重要的是，你是在胸有成竹的前提下去做这些的，因为你知道，你删除的全是那些只会拖垮你整个生产力机器的事务。

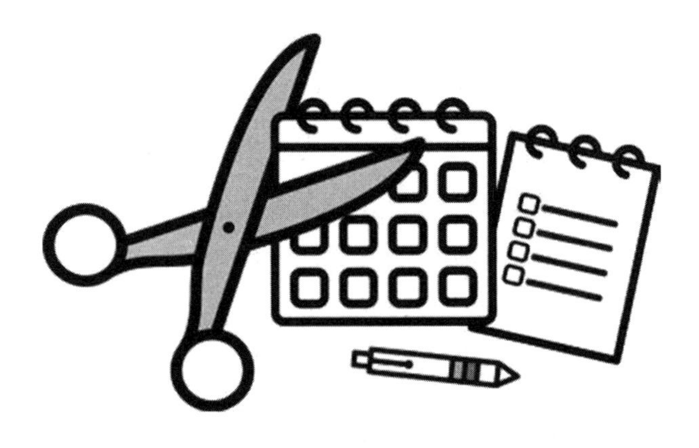

最快聚焦有产出的工作方法就是将充斥在你任务清单和打乱你日程表的低回报任务统统删掉，把所有位于苦差区、无趣区和干扰区的事情全部清除。

让我们从你已有的任务清单开始。在第2章你已有了一份“任务过滤工作表”，现在请浏览你的列表，看看哪些是你可以在删除项下打勾的。方法如下：仔细回顾不在你渴望区内的所有任务清单，逐一地问自己，这真的需要发生吗？我能把它删除吗？举个例子，如果你在第2章回顾了你的日常活动，并把诸如“上网冲浪”之类的事情列在你的任务清单上，我敢打赌它一定不在你的渴望区，那么毫无疑问它是可被删除的。然而，其他任务，如“供应商管理”，可能不在你的渴望区，但仍然需要完成。像这样的任务，你可能无法简单地删除，所以不要在那里打勾。不过，也无须担心，稍后，在后面的章节我们将讨论如何自动化处理或以授权的方式处理这种类型的任务。现在，只需要检查那些显而易见的、删除后不会给你或你的企业带来不良后果的事项，如果这些任务被删除没有任何人丝毫在意，那就动手吧。删除这类任务的方法我们稍后讨论。现在，先诚实地核对都有哪些重要的事情最终需要我们完成。

预警！这个练习可能会把很多你喜欢的，但或许是在你干扰区的事情放在砧板上，这时你必须要有勇气对自己说“不”。

创建“非待办任务清单”

我见过无数的待办事项列表应用程序和系统，但从没有见过类似“非待办任务清单”这种东西。世界上很多人深受多劳多得谬论的影响，他们认为提高生产力的关键是更快地完成更多的事情。以前你或许也用过这些方法，但问题是，这样的话，不断增加的待办事项清单永远都做不完，更讽刺的是，这些努力也只是单纯地花了**更多时间**做了**更多**对最终结果无关紧要的事情。这就是为什么这本书中的体系更加侧重的是“修剪”。

当我和客户一起工作时，我注意到有些事情确实很难删除。有时候即使已经知道有更好的做法，但我们依然会看似勤奋地加班加点；有时候我们害怕说“不”，因为不想冒犯他人或令他人失望；另一些时候，习惯会抬头，以此作为反对删除的理由：“那件事我一直就这样做啊！”这时我们就陷入了保罗·麦卡特尼（Paul McCartney）所不赞同的“惯性舒适区”。那些工作没有给我们带来活力，也无法帮助我们进一步实现关键目标和推动项目进展，我们只是习以为常地埋头苦干而已。

更大的障碍还可能来自你的心智模式。我和许多或陷入工作困局或对工作感到厌倦和无聊的人接触过，他们不想做出任何改变，因为改变会威胁他们稳定的生活。这类人关注的重点永远是他们可能失去什么，而不是会得到什么。因为害怕另一个机会不会出现，惯有的匮乏心态往往会令我们紧紧抓住早就应该放弃的事情。请听我说：我们生活在一个极其富足的世界，我活得越久，越笃信于此。

> 我们生活在一个极其富足的世界。

我不太相信“一生只有一次机会”的说法，前方有太多的美好在等待我们，没有必要因害怕错过什么而恐惧，让琐碎繁杂的待办清单捆绑住自己。我在本书开篇提到过米开朗基罗，当他知道大理石中有可能蕴含着既美丽又极富意义的雕塑时，你认为他会担心再敲掉多余的一块石头吗？肯定不会！即使他真的犯错，他也知道还有很多的大理石可供他创造更杰出的作品。所以，不要害怕，拿起凿子开始干吧！如果你一直身负沉重的苦差区、无趣区和干扰区的事务，将永远不会获得真正的成长。

对新的请求说不

一旦你了解了时间是一个零和游戏，接受了权衡取舍后的利弊，审视过滤了自己所做的承诺，创建好“非待办任务清单”，就该大胆说“不”了。因为，光是盘点你现有的任务和承诺，恐怕你都得接受更多时候要说“不”，更何况还有每天蜂拥而至的新任务。当我为自己设置了严格的界限，我便能轻松驾驭说“不”。学习说“不”，是帮助你摆脱生产力困境的关键，所以，让我们花些时间来理解这“不”的积极意义。

说“不”肯定是不讨喜欢的，但这并不意味着它就粗鲁、不体面或不优雅。事实上，以一种积极的方式说“不”，是可以令你和对方比以前更好地相处的。比如以下两种常见的你可以婉言拒绝的情况：第一种比较容易，是你还没有答应的新请求。第二种情形需要你更多的技巧和微妙的处理，姑且先不涉及个人诚信的维持——这些请求是你现在已经知道不在你的渴望区，但你又已经答应要做的事。应对上述两种情况都可以有几种策略，让我们先从你还未答应的请求开始。

不管你的生产力体系有多健全，都不可能阻止他人向你提出新的要求。事实上，当你更具生产力和更有效率的时候，你作为多面手可以承担更多工作的能力已名声在外。所以，你必须为自己制定一个防护策略，委婉拒绝那些不在你的渴望区、最终也不值得你去做的新请求。这里列举5个巧妙说“不”的技巧，为你提供帮助。

1．承认你的资源是有限的

你的时间和精力是有限的资源。我们已知道时间是固定的，这即是说你不能增加或减少你每天可用的时间，那么你的精力呢？如果它是可以灵活运用的，也是有限资源吗？绝对是！即使精力可以灵活运用，它仍然是有限资源。你可以主动建立你的能量储备机制，但也并非用之不竭。因此，在最终的某一刻，你发现自己已是精疲力竭，所有储备的能量早已消耗殆尽。

如果想避免精力完全枯竭，你就必须像做财务预算一样预算你的时间和精力。你不会每个月都有源源不断的钱进账吧？肯定不会。你也许可以通过加班或注册一个新账户增加收入或让钱流动，但你的收入仍然是有限的。你每个月能花的钱只有这么多，你必须成为一个精打细算的人，为每一份开支做好规划。人们知道一旦钱花完了，就意味着手头没钱了，如果人们在半个月里就用光了预算，就必须面对这样一个事实：有些事情要等到下一个发薪日才能完成，因为他们已经耗尽了自己的财力。你的时间和精力也是一样，只有这么多可用，所以，你的预算必须先保证你完成最重要的事情。

2．决定谁需要你的直接关注

领导者面临的最大挑战之一，也是至关重要的决策，就是如何优先安排人员和项目。如果你不仔细规划你的时间和精力，别人就会这么做。他们的要求和预期会超出你的限度，占尽你一天中的每一分钟和每一点能量。虽然理论上来者不拒听起来不错，但现实中，这可能会让你永远无法顾及自己的工作。作为一名优秀的领导者并不是要立刻接听每一通电话，相反，领导者意味着你既能专注在你最重要的优先事项上，同时还有一套体系来确保在没有你的情况下事情也能运转自如。如果每个项目和问题都需要你亲自上阵，毫无疑问，你的生产力体系将从根本上崩溃。你只能为有限的人提供最好的服务，所以请确保给那些真正需要你亲自给予直接关注的人优先排序。

3．让你的日程表为你说“不”

说“不”最好的方法之一就是将责任推给你的日程表。你可以用所谓的时间已经被预订来做说辞，这需要一点点的有意为之。当我们进入第 7 章我的“理想周”模型时，你将看到我为特定的特别优先的活动预定了大量的时间。我的日程安排中（任何人都可以看的）会有一些会议锁定，本来它们就是，因为我会安排会议和参会。通过这样设置日程表，我对新的请求便可游刃有余地处理了。当不符合我的要求，或可能打断我计划好的活动的请求发生时，我会直接说我已经另有安排，这绝对也是实际情况。

这对你来说可能很难，所以我再说一遍。即使我一个人在办公室工作，当我说我另有安排时，我也并没有说谎，我在专注于我给自己的或从他人那里接受的最高优先级的任务。因为一个新的要求而无法履行我已经做出的承诺，这才是我无法接受的，即使这个承诺是我对自己做的。面对新的请求，我会仔细取舍，然后让我的日程表替我说“不”。

4. 有策略地回应请求

> 因为一个新的要求而无法履行我已经做出的承诺，这才是我无法接受的，即使这个承诺是我对自己做的。

回应请求的最佳时间是在请求未发生之前就做好计划。你一定希望提前采取策略，以便在请求发生时更容易驾驭。就我个人而言，当有人要求占用我的时间或注意力时，会令我感到压力，如若不是我一开始就知道在这些情况下应该如何应对，我很有可能会因屈服于压力而接受一个我知道本不该接受的任务。

哈佛大学教授威廉·尤里（William Ury）在他的《积极

说“不”》（*The Power of a Positive No*）一书中概述了四种应对时间占用的策略。其中三种策略都不起什么作用，可是，我们常常出于某种原因还是会心怀愧疚地继续使用。四种策略中只有一种是行之有效的，几乎能解决所有问题。当我们简要介绍这四种方法时，你可以想象一下自己使用这些策略时的情景。

第一是**顺应**。尤里所说的顺应，即是我们其实想说“不”，但还是会说“是”。这种回应通常发生在我们把与请求者之间的关系看得比自己的利益还重要的时候。我们不想引起冲突或让对方失望，所以会顺应他们的请求。

第二是**攻击**。通常这是最糟糕的说“不”的方式。和顺应正相反，这时，我们看重自己的利益多过与他人的关系。对这类请求，我们往往因恼怒、怨恨、恐惧或压力而做出过度反应。无论是出于什么原因，这些请求以错误的方式击中了我们，我们便予以还击。

第三是**回避**。这种方式就是完全不回应，不回电话，也不回复邮件，就好像没有看见过。这种要么就直接忽略，要么就尽量拖长回应时间，希望在不需要自己介入的情况下事情就能够自行解决的做法，通常是因为我们害怕冒犯对方，但又不想按照他们的请求去做。我们选择视而不见，希望请求能自动消失，可悲的是，结果很少能如我们所愿。

这三种糟糕的回应并不总是独自作用，有时它们甚至相互叠加，被尤里称为“三 A 陷阱”[㊀]。这种类似的情形看上去是否很熟悉：有人发邮件向你寻求帮助，但你不愿去做，所以你选择忽略电子邮件（回避）；一周后，他们又发了一封邮件，再次提出请求，这让你很恼火，所以你用严厉或简单粗暴的拒绝（攻击）来回应；过了几小时，或经历了一次尴尬的谈话后，你为自己过度的反应感到内疚，并且不情愿地同意（顺应）了他们的请求。这是一个典型的恶性循环式的回应，以做了你一开始就不情愿做的事为结束。

幸运的是，我们还有第四种策略——**肯定**。这是最有效的回应方式，不仅能创造双赢，而且也不会牺牲彼此的关系，或者干扰到我们自己工作的优先顺序。这种健康的回应，尤里称其为“积极的不”，这是一个简单的由三部分组成的公式，即“是—不—是”，它是这样运用的：

是：对自己说“是”，保护好对自己来说最重要的事，也包括他人的事情。你不会希望因别人把你当作他们可能的解决方案而怠慢对方。

不：接着说“不”，这个“不”应该是基于事实、明确并且有清晰的边界的。不要留下回旋的余地或模棱两可的地方，也不要留有你可能在另一个时间完成这件事

㊀ 三 A 陷阱：代表的是三个英文单词（Aviodance 回避、Attack 攻击、Accomodation 顺应）的首字母。

的空间。如果你明知不能帮到他，就不要让对方误以为你日后还有可能帮忙。

是： 最后以“是”结束回应。明确双方的责任关系，并通过提供另一个解决方案来结束对方的请求。这样的话，你既不用自己承担责任，但也表达了你的关心和为问题解决提供支持的意愿。

这种非常容易实施的策略，会将你从困扰和沮丧的世界中拯救出来。

让我举一个我在日常工作中使用这个方法的真实例子。作为一名出版社前高管，我经常会接到一些有抱负的作家的请求，希望我替他们的撰书方案提出看法，而且每周我都会收到类似的请求。我也想对他们辛勤的工作和要求我参与提议的方案表示敬意，但我根本不可能满足所有的请求，并给出有意义的反馈。所以我用尤里的“肯定”策略精心设计了一个回应模式。

首先，我以“是”开头：“祝贺你的新书方案！很少有作家能走到这一步。谢谢你希望我能给你些建议。”然后我会去到“不”：“但很抱歉，由于我的日程和其他工作安排，我已很久都不再审核提案了，因此，我必须对你的请求说‘不’。”请注意，我没有留下任何模棱两可的话，也没有建议等我有时间时再看。我用一个坚定的“不”字设置了非常清晰的界限。最后，我以“是”做结尾：“不过，我很愿意给一些让你的新书能够出版的建议。如果你还未曾开始这个步骤，建议你阅读我的博客文章《对新手作家的建议》，里面对新书出版有很具体的指导，包括应该先做什么、后做什么的步骤建议。我还有一全套**《出版》**（*Get Published*）的音频课程，它将我 30 多年的出版经验浓缩为 21 个学习单元，希望对你有所帮助。”同时，我会将我的博客和出版培训的链接一并发给他。这些链接都被保存为一个邮件模板，用起来很顺手，随时可用来回复任何一个同样的请求。（在下一章，我将分享更多关于邮件模板的内容。）

现在，想象一下你经常面临的几种情况，比如会议请求、销售报价、午餐邀请，或者加入不在你优先级范围内的新项目。最基本的“是—不—是”回应策略适用于以上所有的情形。确认目的、说明为什么你不能参与，然后再次确认。有趣的是，使用这个回应策略后我很少再会感到来自他人的压力。他们通常会这样回复：“没问题，我能理解。谢谢你的回复。”偶尔也会得到负面回应，但这是在意料之中的。事实上，这就引出了婉言拒绝的第五个也是最后一个技巧。

5. 接受你可能会被误解的事实

让自己准备好接受负面的反应是很重要的。无论你如何有技巧地拒绝，即使你有充分的理由说“不”，偶尔还是会有人感到失望。有时他们会直接向你表达他们的失望，这自然让人不舒服。不过，当这种情况发生时，我会礼貌地回应，表示感同身受，但也会再次重申我的“不”。记住，如果你都不尊重自己的设限，别人更不会。

生活难免会让一些人失望，所以更要确保不要令那些对你最重要的人，比如你自己或你的家人失望。如果注定有人要带着失望离开，我会尽一切可能确保他们不是我最亲近的人。

摆脱已做出的承诺

现在你已经知道如何处理你尚未接受的请求，但对于你已经同意的事情要怎么做呢？很有可能，在你阅读本书之前，你已经有一长串的承诺清单要完成，现在你抓耳挠腮，不知道怎么开始删除那些不在你渴望区的事情。在此，我想先澄清的是：正直的人都信守诺言。换句话说，如果你已经答应做某事，即使它不符合你的新框架，你也应该要找到一种方式来履行你的承诺。但是，尝试通过商议重新评估承诺的做法并无不妥，也无可厚非。所以，如果你惧怕某事，或者明知道这件事情是在浪费你的时间，或者你的参与反正也不会给对方带来多大的好处，又或者你能给予最多的也只是你很少的投入和关注，可以重新评估承诺。这里，有一个协商摆脱承诺的四步法，让我们快速了解：

第一，承担承诺的责任：不要推卸责任或装傻，有时我们为了逃避责任会说“我不知道要我做什么”，即使真是这样，也应该在自己同意之前就澄清。

第二，重申你愿意履行你的承诺：不要试图逃避你答应的事情，这不仅会让与你打交道的人不再信任你，也会让任何听到这件事的人丧失对你的信心。不能有始有终或无法帮助找到替代解决方案都会有损你的声誉，必须避免这种情况发生。

第三，解释为什么履行承诺对对方来说并不是最好的方案。立足于对对方好，而不是对自己。没有人真正关心对你产生的影响，对方关心的是你对他们做出的承诺，并希望你能履行，你也理应如此。然而，如果你能让他们认识到，你的参与可能对他们的最佳利益并无帮助，那么，他们从自己的利益角度出发，也会愿意和你一起寻找替代解决方案。

第四，为他们问题的解决提供帮助：不要——我再说一遍——不要把你的担子卸下来扔给对方，这样他们会心生埋怨，他们完全有这个权利。相反，你要提出一起寻找替代方案，与此同时还要明确表示，除非你找到一个双方都同意的新方案，否则你不会违背承诺甩手而去。

完整实施四步法将确保你在不使对方陷入困境的前提下，尽一切可能将之前的承诺从清单中删除。既满足对方需要，也使自己问心无愧。

想象这样的一个例子：你已经同意加入一个委员会，但现在你知道你既没激情，也没能力把事情做好，它正好在你的苦差区，如何才能摆脱呢？首先，你可以找到邀请你的人，并这样说："谢谢你邀请我加入委员会，但我投入了一段时间后意识到接受这个邀请是个错误。”到这步，你已经为你所做的决定承担了责任。你可以继续说：“因为我做出了这个承诺，你们也有所期许，我当然愿意履行直到完成我的任期。”这是再次重申。然后你便解释你的参与反而可能会无意中对项目造成损失：“说实话，我不认为我的参与对委员会能有贡献，你们需要的是一位对组织的愿景充满激情、并且精通这一领域的人。遗憾的是，我显然不是最佳人选，我对此既无激情也不专业，我想我占据了一个更有资格的人应该拥有的位置。”然后你可以进入第四步，主动提出解决问题，这时可以是这样说：“如果我们能一起努力，找到更适合这个任务的人，你愿意重新考虑吗？我想这将对我、对你们、对委员会三方都有利。”

我有过很多次像这样的对话，也在很多情况下使用过这个四步法。很高兴地告诉大家，从来没有人因此对我生气。有时也会有不同意的，在那种情况下，我会振作精神，尽最大努力完成我的承诺，这本就是他们应得的。是我做了这个错误的决定，错不在他们，后果应该完全由我承担，而不是他们。但是很多时候，对方愿意和我一起来寻找接替者，这样我们就都可以释然了。

享受修剪的过程

这一章的重点就是让你舒适地从日历上删除尽可能多的

事项，像一名优秀的园丁那样，尽可能地修剪不在你渴望区内的日程安排。当查看你的日程表和待办事项清单时，你应该只想看到应该完成的正确事情，所以，删除即意味着清除所有错误的事项，即使它们占据了你清单的80%。当然，删除的过程可能会让你陷入意想不到的困境：你可能会内疚于最终竟然拥有自己的时间，因为你觉得你明明有时间却拒绝帮助他人，令他人失望。这绝对是个陷阱！如果减少不必要的或不在渴望区的任务，能够让你拥有闲暇时光或精神余量，是值得庆祝的事情，完全没有必要不开心。

正如史蒂夫·乔布斯所说："创新即是对一千件事说'不'。"不要屈服于压力，试图通过其他更多的事情来填补你所删除的那些任务。删除清单上的任务，并不是你在进行一对一的交换。正如我们多次说过的，生产力的目标应该是事半功倍！如果你不能对此感到自在，你就不可能成功。你最好的行动和最好的想法都源自你得到了充分休息和拥有充分自由，它们将无可替代地激发你的创造力和解决问题的能力。所以，请允许自己拥有闲暇时光，不要因为争取空闲时间，而对不在自己渴望区的活动说"不"感到内疚。你要为自己能做到这点感到高兴，你最爱的人也会为你高兴。

如果删除了不必要或不在渴望区的任务能让你拥有空闲时光或余量，就值得为之庆祝！

休息一下，在下一章中，你将学习如何自动化那些仍然占据你清单空间的烦人任务。

创建你专属的“非待办任务清单”

开始动手清除生活中不必要的东西吧，至此，你能看到生产力愿景——经专注得自由。在“任务过滤器”中标记出明显需要删除的候选项，然后从FreeToFocus. com/tools 上下载一个“非待办任务清单”列表，用这张表格记录你永远不应该去做的任务。

你的“任务过滤器”为你开了个好头，但不要就此打住，可以再想想还有其他可删除的吗？列出你不应追逐或关注的会议、关系和机会，也许是一个你需要退出的董事会，或者是一份早就没有用的报告。当你完成了“非待办任务清单”时，还应该回头看一看上面列出的每一项，确认它们确实是低杠杆效益的、无关紧要的，或者是与你的关注重点毫不相关的。

第5章

自动化
重塑高效工作方程式

正是不断增加那些不用思考就可以执行的重要操作，才推动了人类文明的进步。

——阿尔弗雷德·诺斯·怀特海（Alfred North Whitehead），英国数学家、哲学家和教育理论家

也许和当今世界上大多数专业人士一样，你的一天充斥着各种各样的问题、需求、请求、突然的拜访、邮件、电话、短信、群聊讯息，还有不计其数的其他干扰，很多人都希望能得到你的关注。但我们知道，人的注意力是有限的、也是宝贵的，我们永远不可能给予每个人我们全然的关注，有时，甚至无法给予他们任何关注。因此，如果你想最大限度地提升你的生产力，你就必须得非常清楚，哪些事情需要你的注意力，哪些不需要。而且，即使在值得你关注的事情上，要投入多少关注才值得也要计算清楚。提示一下：不在

你的渴望区或非优先的任务，不值得耗费太多脑力。

投入少量关注并且还能完成重要任务的方法之一是自动化。然而通常当我提及自动化时，人们就以为我指的是机器人、应用程序和宏指令，但想从自动化中获益并不需要变成书呆子或工程师。每一天，我们都有新的任务蜂拥而至，不管有没有时间思考，这些任务都必须完成。但，**是不是每一份工作你都必须全身心投入其中呢**？假如你把自己从惯有的方程式中抽离出来工作仍然能完成呢？这就是自动化的缘起，下面将介绍以下四个主要的自动化模式：

1. 自我自动化
2. 模板自动化
3. 流程自动化
4. 科技自动化

在本章，我们将围绕以上四种方式逐一讲解，并探索几种主要的自动化策略。它们会帮助你将众多处在苦差区和无趣区的任务设置为“自动驾驶模式”。

自我自动化

通过一系列过程，实现自我自动化。这包含使你的优先级工作更简单、更高效的日常活动、固定仪式和行为习惯。再次强调，这里讲的专注，就是把生活中需要你处理的事情尽可能多地放在“自动驾驶模式”中，每一次当同类事情反复出现时，你无须被动停下手头的工作或再花心思思考如何处理。你需要建立一套固定的仪式和习惯，即使不用有意识地去想，你的身体也会做出自动反应。举个例子：大多数人洗澡的时候并不必专注于洗澡的每个具体步骤，在打开水龙头后他们的身体会自动接管，自然而然知道要做什么，这样极大地解放了大脑，为思考其他事情腾出了空间，这就是为什么我们会经常在洗澡时想到好主意。将这一简单的方法应用到你生活的不同领域，就可以改变生产力的游戏规则。

仪式的作用

仪式指的是“以有规律的固定方式执行的任何行为惯例或模式”。例如，大多数职业运动员比赛前都会进行一个“仪式”，即完成一系列帮助他们的精神和身体达到最佳状态的动作或活动，各行各业的高成就人士也大多如此。如梅森·柯里（Mason Currey）的《日常仪式：艺术家如何工作》（*Daily Rituals: How Artists Work*）一书探讨的 150 多位小说家、诗人、剧作家、画家、哲学家、科学家、数学家和其他人的日常仪式，这些仪式不仅有助于实现他们的目标，也达成了本书所努力倡导的理念：事半功倍地提升生产力。柯里说："你的日常仪式可谓是套精密校准机制，可以协助你充分利用一切有限资源，如时间（时间是所有资源中最有限的）、毅力、自律和乐观等优势。"

仪式为你提供了三个立于不败之地的关键优势。

第一，仪式释放创造力。尽管许多人认为固定仪式会扼杀创造力，但真相是，仪式释放了创造力。正确的仪式的设定需要深思熟虑和大量的创造力，只不过，这样的精雕细琢只需在每一种任务上付出一次，目的就是避免类似任务再出现时再费气力做同样的工作。将创造力专注在某件事上一次，形成一套每次针对同类任务可应用的解决方法，这样，你就可以自由释放你的创造力，专注在另外的事情上了。比如，你每天开车上班，对习惯性的动作无须再做思考。当然，在最初的一两个星期，你可能需要花费很多精力弄清楚去办公室的最佳路线以避免交通堵塞，以及你最好在几点前下班等。在投入了最初的努力和精力后，开车上班的固定仪式就会自动接管一切，即使在开车时你的创造灵感也可以自由地专注在其他事情上。

第二，仪式加快你的工作。一旦你的固定仪式形成，你便明确知道接下来每一步应该怎么做了，完全是"自动驾驶"，根本不需要你再去多想多虑。自然，任务的完成也更有效率。

第三，仪式会纠正你的错误。更确切地说，它们可以防止错误发生。因为在设计仪式时，你对可能发生的不同意外正加以预判，并为这一过程中的每一步建立了安全网。即使你在早期遇到了困难，只需把解决方案设计进仪式中，随着时间的推移困难便会被仪式自动纠正。外科医生和医学作家阿图尔·加万德（Atul Gawande）将不同行业的检查清单编撰成册以消除操作规程上的误差，他称之为“系统化的优点”，借此仪式，在其服务的医学领域，检查清单每年拯救了成千上万的生命，节省了数亿美元的成本。

四项基本仪式

生活中任何重复性的任务都适用于创建固定仪式。事实上，你可以创建自己如何、何时以及以何种顺序完成一系列不同任务的固定仪式。这里，我向你推荐我经常使用的四项基本仪式，它们分别是：早间、晚间、工作日开始和工作日结束。我为它们设定了专门的时间，在第 7 章讲到“我的理想周”时将详细阐述。有意识地保持仪式的正常运行，使我的每天都能以可预见的方式高效完成必要的活动。相比于以前没有目的地忙碌，现在，我每天都能借助固定仪式的执行，为我的大脑腾出好几个小时的自由时间。

早间仪式是从我醒来的那一刻开始一直到我走进办公室。我把这项仪式分成 9 个活动，如“冲咖啡”“写日记”和“回顾我的目标”等。这 9 个活动加在一起就是我每天早上的固定仪式。我每天都以同样的方式、同样的顺序执行这些动作，高效完成的同时，也让我在接下来的一天里有条不紊、斗志昂扬。我的晚间仪式也差不多，不过多是能帮助我放松下来准备休息的活动。（这里有一个专业建议：设置闹钟，确保你按时上床睡觉。）每个人的早间和晚间仪式都不尽相同，这取决于每个人的性格、兴趣、人生阶段和其他条件。

我的工作日是如何开始和结束呢？这两项仪式清晰地标记在我每周的工作日历上。早上 9 点，我开启工作日开始仪式；下午 5 点是结束仪式。每天这两段时间，我的大脑会自动开启或结束工作日所需的程序。如何才能让每个工作日都有一个好的开始和好的结束是我经过深思熟虑和精心设计的，正是这些思考要点形成了我现在的固定仪式。

每天，当我走进办公室的那一刻，便进入了工作日开始仪式。通过每天以相同的顺序重复同样的动作，我的肌肉记忆会自动启动，帮助我高效地完成每天开始时需要完成的碎片任务。同样，列表上的任务和顺序因人而异。以下是让我的工作日有一个美好开始的 5 项任务：

1. 清空我的收件箱
2. 和群聊软件同步
3. 浏览社交媒体
4. 过一遍“每天 3 大任务”（我将在第 8 章详细讨论）
5. 看一遍我的日程安排

这项仪式通常需要 30 分钟完成，我每天工作的前半小时，用于完成这个仪式。这样我的整个上午，都可以集中精力在重要的事情上，不再为常规琐碎的事情分心，同时，也有效防止了我的日程安排被他人打乱。

每天下午 5 点我便会启动工作日结束仪式。这几乎是和我的开始仪式基本一致的一系列行动，如查邮件、同步群聊软件等，因为已经有 8 个小时我没有检查过邮件或其他讯息，我需要给当天突然出现的问询或问题给予回复。我知道一天下来，需要回复的信息一定会比早上多，所以我会为结束仪式留出一个小时。如果我完成得早，我就早点回家。结束仪式除了和开始仪式相同的 5 件事外，还添加了两件，一是回顾我每周和每天的主要任务，二是标注出第二天的重要任务。顺便提一下，在第 8 章中，我将详细阐述如何计划最重要的工作任务，即每天和每周的 3 件大事。

希望你已经开始在你的生活中寻找一些可以自我自动化的机会。它可能是像我这类的早、晚间仪式，也可能是其他完全不同的事情，比如，你独特的演讲准备方式或将是你自我自动化的完美选项之一。一旦你开始寻找机会，你会发现它们无处不在。在本章的练习环节，你会通过一些设计好的工具，找到在早间和晚间的最佳仪式，并能马上将其运用在你的生活中。

模板自动化

在第4章中，我分享过一个我常用的模板，用以回复请我审阅新书提案的新手作家。这就是一个模板自动化的例子，也是我三十多年来最喜欢的自动化形式之一。几乎每天我都收到类似的请求，如果我为每一个人专门写一封单独的邮件，哪还有时间去做其他事情？当然，我可以雇请一名助手来处理所有的请求，但为何要为此破费呢？我的做法是，花一点时间先为每一件事构思一个完美的回复，之后就重复使用这个回复模板。就像我们之前说的，自动化意味着把需要解决的同类问题的模板一次性设置好，然后，每次同样的问题出现时，套用这个自动运行的模板，简单按几下键盘即可完成。

为了让模板为你工作，你需要发展一套自己的模板理念，即每次当你处理一个新的项目时，就问问自己，**这个项目中的哪些元素我可能还会再次用到？**如果你觉得你会再次做同样的事情两次以上，就可以为此创立一个模板。即使一开始这会让你花费很多额外的精力，但长远来看，这将为你在未来节省大量的时间。

**自动化意味着把需要解决的同类问题的
模板一次性设置好，然后，每当同样的问题出现时，
就套用这个模板自动运行。**

在日常工作中，我最常用的是邮件模板。你肯定曾见过这种东西，但请相信，我的邮件模板数量众多。我本人在电脑上设置了39个不同的邮件模板供我随时使用。我的团队也遵循这种模式，并在此基础上补充了更多的模板，彼此相加，我们日常所用的邮件模板加起来超过100个。如果你现在给我或我的团队成员发邮件，你将有很大可能收到一封基于同类模板的回复。当然，这并不意味着它是冰冷的、不近人情的，我甚至不把它称为模板信。其实，正相反，每个邮件模板都是根据我们最常收到的问题和请求，经过深思熟虑后制订的，是有针对性的回复；它也是精心准备的，因为我们花了很多时间把可能给出的回复在问题被提出之前就设计出来；同时，它还是个性化的，因为我们在创建这些模板时便会基于个性化考量，将不同问题分门别类，使收件人感觉这封邮件就是专门为了他而回应的。

既然你已经了解了什么是邮件模板，一起来看看我是如何使用它们的吧。第一步显然是写一封邮件草稿。假如是一封惯常邮件，可从你的发件箱中保存的给客户回复的邮件中找出一封，然后像是在回复某个特定的人，把那封邮件改成一个全新的模板，要想清楚用哪些不同的方式回应对方。在我给寻求帮助的作者发送的邮件中，我会确保邮件里包含一个我所写的有关这类问题的博客链接，和关于这个主题我提供的在线培训链接。我在草稿中涵盖了所有的基本内容，但这并不意味着一成不变，我会随着时间的推移对其做出调整或改进。不过要记住，我们的主要目的是避免再次深层次地思考同类问题。

你可能认为下一步是将这份草稿作为文档保存在文件夹中，并在每次需要时复制粘贴到新的邮件中即可。你可以这样做，但有一种更快捷、更简单的方法，事实上，使用任何邮箱的客户端都可以这样做。这个秘密武器便是你电脑的邮件签名功能。我个人使用的是苹果电脑，邮件用的是苹果电子邮箱的基础版，和大多数邮件应用程序一样，苹果邮箱可以让你保存大量不同的邮件签名。一般情况下，你用这些功能自动插入你的姓名和业务联系方式。但是我们将把这个简单的功能变成一个生产力的发电站，当我创建一个新的邮件模板，我便把它作为一个新的署名保存在我的邮件客户端上，之后，当我需要它时，我只需点一两下便可把它加入到邮件内容下面。

比如在苹果邮箱和微软邮箱中，保存的签名会在消息窗口顶部的工具栏下拉菜单中出现。所以，每当有新的邮件请求，你只需单击回复并在邮件的签名下拉菜单中选择适当的模板即可。在此基础上，你可以（通常也应该）再把每封邮件个性化，例如加上收件人的姓名，不过这样就足够了。曾经需要十分钟甚至更多时间完成的事情，现在，可以在不到一分钟内完成，甚至有时只需几秒钟。这是一种非常强大而有效地节省时间的方法，可以快速处理成堆的邮件。

模板并不只适用于邮件，你还可以创建回复纸质信件的模板。例如，如果你需要定期聘用雇员，可以建立一封表示已经收到或正在审核职位申请的文件，甚至你可以事先设置好电子签名，这样文件寄出前，你就不用专门花时间在文件上签名了。此外，如果你经常需要演讲，可以结合应用Keynote或PowerPoint制作幻灯片，建立一个基础的幻灯片模板，其中包括已经准备好的标题、图片和格式。无论你如何使用这些模板，基本的概念都是一样的：不要另起炉灶。一次性创建解决同类问题的模式，把它记录下来，设置完善，在每次用到时只需点击几下即可。

流程自动化

第三种模式的自动化是流程自动化，简单地说，这指的是为了完成某项或某一系列任务而书面化、易于遵循的作业指导书。它在某些方面类似于固定仪式，但工作流的过程更有针对性，也更详细。固定仪式类似日常活动，工作流过程更像是使用说明书，类似于为你的孩子新买的自行车，或在宜家新买的家具的组装指南。在这种情况下，流程的每个步骤都需要被仔细地描述和记录，确保任何人在使用说明书时都能成功完成目标。

我相信你已经想到了至少一个冗长的流程若能得到改进和文档化的好处。好消息是，建立这类流程比你想象的要容易很多，而且怎么强调它们的益处都不过分。以下这5个步骤可以帮助你把那些烦人的、常见的任务变成一个非常有用的工作流。

1．留意。创建工作流的第一步是将关注点放在你每周已经在做的工作上，明确工作流会对哪些范围有帮助。哪些行动对你的业务至关重要？当中又有哪些具有重复作业的特性？在你出差或度假之前，有哪些事情你总要不断再教别人？你不在办公室时，有哪些问题是同事们总打电话来问的？又有哪些任务是因为你个人原因而停滞的？留意你业务的节奏和需要文档化的明显痛点，现在你很可能已经想到几个了。

你的第一个工作流最好是从简单的事情开始，否则，你会因为流程太过复杂而陷入困境，最后不得不放弃。因此，先用几个简单的任务练手以建立信心。选定一个简单的任务，将从开始到结束的整个过程仔细捋一遍，一丝不苟地过一遍，把一切都具象化。我喜欢假设我正在文件化的工作流是为一个完全不了解我的人准备的，当你为一名门外汉做准备，通常更容易捕捉到这个人所需的每一个步骤。

2．记录（文档化）。一旦你知道哪些流程是你需要的，并且已经考虑好了每一个具体的步骤，就把它记录下来，但要确保记录了完成任务所需的每个步骤，不要遗漏任何环节或试图抄近路。这一步的目标就是，将每一件小事都记录在纸上，使那些对流程一无所知的人也可以正确无误地使用。就像用计算机程序来处理任务，计算机只会完成程序员写好的任务，它不能查缺补漏，所以，即使遵循你工作流的人也不能做修改，你要给他们完成工作所需的一切指引。

你可以用不同的方式记录工作流，在找到最适合自己的方式前，尝试不同的格式和工具。比如，你可以尝试用简单的文字来文档化，也可以使用更高级的笔记应用程序如 Notion 或 Evernote。许多人会加入截图和视频作为文档化的一部分，让工作流简单明了，任何人都可遵照执行。如果你想设计一个更加个性和复杂的，可以研究定制化的应用程序作为构建工具，如我目前最喜欢的甜蜜流程（Sweet Process）。虽然这些应用程序可以帮助你理清思路，为你的工作流运行增效，但不要让科技阻碍你的流程自动化，因为哪怕是一个简单的手写检查清单同样也能优化工作。

3．优化。如果你没有走捷径或者在记录中遗漏任何内容，那么你的工作流的第一稿一定比你想象中的要长。没关系，现在可以进入优化环节了。在这一步，请回顾之前的记录，并问自己3个问题：

有哪些步骤可以删除？
有哪些步骤可以简化？
有哪些步骤应该以不同的顺序执行？

通过这些评判的思考，你得以更好地优化整个过程。你既需要为遵循工作流的人提供尽量多的信息使其完成任务，又不能让他们因工作流太复杂而跳过某个步骤。这是你改进流程的好机会，请尽可能地让它发挥作用。

4. 测试。完成了工作流的编写和优化，就可以进入测试环节了。这一步至关重要，这是大多数工作流可能出现问题的地方。流程之所以不起作用，是因为创建人没有花时间对它们进行适当的测试，或者只是用自己的经验填补流程中的缺失。

根据我的经验，这一步你最好先用自己来当小白鼠。当你进行测试时，只执行你所写下的内容，看看是否遗漏了什么。**别偷懒作弊**。如果没有写下来，那就不要做。只测试记录下的内容，也只有根据记录下的内容进行操作，才会立即发现任何有可能存在疏漏或误导的地方。可边做记录边纠正，直到你有了一个完美的、有效的工作流，不管谁使用，都能获得预期的工作结果。当然，你还可以请团队中的其他人来帮忙测试。

5. 共享。一旦你知道工作流可发挥作用，便可通过邮件、你之前创建的程序中的分享工具或者中央服务器分享给你的团队成员。这个步骤的重点是共享，并确保任何人某天需要用到它的时候都知道在哪里可以找到。如果有人在使用工作流的过程中发现了漏洞，不必大惊小怪，鼓励他们进一步完善，很快你就可以得到一个更加完美的任何人都可以遵循的工作流，这是展现工作流真正威力的地方：它们使授权更可靠、更容易被执行。

在本章的练习环节，附有“工作流优化器”，这个工具是对刚刚介绍过的五个步骤的回顾。现在，让我们来检测第四种也是最后一种自动化程序。

科技自动化

最后，让我们来谈谈科技自动化——这是大多数寻求生产力提升的人通常开始的地方。尽管我在本书中对科技的用词有些刻薄，比如强调它为分散注意力打开了大门，但现代软件和硬件对商业产生的正面影响是无可否认的。我认为自动化恰恰是使用这些科技的核心原因，能将繁重的工作和重复的任务卸载到软件上，从而解放我们的思想迎接其他的挑战。一旦你找对了工具，就只是如何让它们在后台运行的问题了。要相信即使没有你的参与这些程序也能自行完成任务。

在进入科技环节讨论前有一个小的提示：不要对单一的某个应用程序死心塌地。虽然你的本意是拥有最适合自己的应用程序，但同时也需敞开心扉不断寻找更好、更有效的程序，并坦然接受你最喜欢的应用程序或服务器突然歇菜的可能性。已经数不清有多少被我植入在工作流中得心应手的程序和工具，因不断进步的科技而被替代或消亡。

这些年来我明白，科技是靠得住的，但单一工具却未必。因此，重点是你需要用的工具**类型**，而不是**哪种**工具。例如，我一直使用任务清单类的软件，因为我知道它们的价值。不过，无论是 Todoist、Wunderlist、Nozbe，还是我尝试过的其他十几个应用程序中的任何一个，我会在某些特定的时刻更换。既然说到应用软件在科技自动化中扮演的重要角色，让我们来看看能让你生产力突飞猛进的四种主要应用程序。

1. 邮件过滤软件。还记得你是什么时候知道电子邮件的存在吗？我是记得的。也许你还太年轻，从未见过一个没有电子邮件的世界，但电子邮件刚流行时的情景我仍然记忆犹新。美国在线（AOL）是第一代界面友好的邮件服务公司之一，每次听到他们标志性的“你有邮件！”的消息，我都感到一阵喜悦和期待。如今，我对收件箱的反应可没那么热情了。邮箱如果无人看管，就会变成一头臃肿、苛刻的野兽，可能会吃掉你的一整天——甚至几周的时间。我的职业生涯中就有那么几次，一周内我收到了 700 多封邮件，每一封都在抢夺我有限的时间、精力和注意力。这个时代，因为邮件传送数量巨大，其价值逐渐被问题所取代。

如果你感同身受，或者触及到了你的痛点，或许就值得考虑该添置某个邮件过滤软件了。有些时候，我们认为这类工具只会过滤垃圾邮件，但这只是最基本的功能。好的邮件过滤软件可以帮助管理你的收件箱，根据你设定的标准自动对所有的邮件进行分类，并将它们归档到不同的文件夹中。例如，你可以通过设置过滤器，将促销邮件、广告、时事通讯、收据、个人信息和项目备忘录等发送到专用文件夹中，使它们从一开始就井然有序，而不是任凭邮件堆积在收件箱的无底洞中。

大多数常见的邮箱服务器，如Gmail、Outlook和Apple Mail，都内置了一些过滤功能。优秀的商业过滤产品，如SaneBox，是我推荐且很容易使用的。它们就像施展魔法一样，在后台不断且自动地清理你的邮箱。这类服务器最好地展示了自动化的优势，可以说没有它们，我就无法在邮件的世界里生活。

2. 宏命令编辑软件。如果**宏命令编辑**这个词让你目光茫然，坚持几分钟，我保证这不是一堂计算机编程课。宏命令编辑是指，能够有序批量处理小批量任务的编辑软件，是将一些小的任务组织在一起，转换成一个单独的命令，通过快捷键、文本组合、电脑上的特定设置，甚至通过你的语音来完成特定任务的软件程序。

我每天都使用宏命令作为工作流的一部分，我的宏命令是和键盘上的快捷键捆绑在一起的。你对使用键盘上基本的快捷键应该也很熟悉，比如用cmd + C或Ctrl + C来复制和cmd + V或Ctrl + V来粘贴。一旦你习惯使用快捷键，肯定不会再用鼠标来做剪切、复制、粘贴、斜体化或下划线文本这些事情，因为用手指在键盘上操作显然更简单。这就是我为什么喜欢在工作中使用宏命令。例如，用一个名为“键盘大师”（Keyboard Maestro）的程序（这仅限于苹果系统，微软系统有别的解决方案），我设置的几个快捷键几乎可以完成键盘或鼠标的所有功能。我只需点一下键盘快捷键就可以打开邮箱，无须再移动鼠标来操作，或在键盘上找到邮箱应用程序然后启用，我最常用的一些应用程序也是用快捷键的方式打开的。

使用键盘快捷键打开应用程序只是第一步，它还可以让我很轻松地开启更为复杂和特定的任务操作，其中许多项是我写作时不可或缺的。例如，我选中文本中的一块区域，使用快捷键就可以将选中的文本转换为大写、小写或首字母大写，这功能你可能不常用到，但对我很重要。记住，自动化的第一步是**留意**你在什么地方需要自动化。当我意识到我在转换不同的文本格式上花费了大量时间后，我决定花一点时间为它们设置一个宏命令。现在我可以瞬间开启它们，这已成了我肌肉记忆的一部分。当你设置了一个宏命令并训练自己经常使用它，它将为你节省大量时间。

3. 文本扩展软件。文本扩展软件是键盘快捷键的另一种使用功能，是指通过预设规则，只需输入简短的字符，就可以自动替换成大段的、更复杂的文本的软件。例如，当我在文档、邮件或任何文本中键入 F2 时，我的电脑立即将该快捷指令转换为“Free to Focus™”（包括™标志）；键入快捷键 mhco 就是把迈克尔·海厄特有限公司（Michael Hyatt and Company）插入文档中；快捷方式 biz 会扩展成我当地的电话号码；dlong 会显示为今天日期的长格式……这些动作我每天都要重复好多次，因此，快捷键为我每天在这儿或那儿节省下的数秒时间，日复一日集腋成裘。

我甚至用文本扩展软件处理更长、更复杂的文本块，比如我在社交媒体上的回复，以及我通过群聊软件发送给团队的消息。类似我的邮件模板，几秒钟内我便能发出消息。我经常使用这个工具，以至于如果我使用别人的电脑工作时会觉得非常难受。我目前最喜欢的文本扩展应用程序是TextExpander，它适用于苹果和微软系统，不过也有其他一些不错的选择。

4. 屏幕录制软件。视频记录这类实用程序可以把你的电脑或平板电脑上发生的事情保存为视频文件，编辑并共享给他人。这类软件是我工作流中的一个重要成分。事实上，我所有的在线培训课程都一定程度地运用了屏幕录制软件。虽然大多数电脑和电子设备没有内置屏幕录制功能，但Screen-Flow和Camtasia等专业级屏幕录制应用程序将这类软件提升到了一个新的水平，让你全权掌控视频的录制，并为后期制作提供了强大的编辑工具。有了这些高级工具，你可以把音频切入到带有你面部画面的视频中，让你在在线授课的过程中与受众亲切交谈，这不仅为在线视频和网络研讨会添加了极为突出的个人特质，还让你的工作流变得更加简洁清晰，让任何使用者都能一目了然。

寻找更简单的方法

在本章中，我通过四种最常见的自动化模式向你展示了这个自动化的世界。第一，从自我自动化开始，让你重新审视自己的日常生活，为每天已经在做（或想做）的常规事项建立仪式。第二，测试了模板自动化，通过向自己发问“**这个项目中的哪些元素我会重复再做**?”帮助你确认哪些重复性的任务可以自动化。第三，我们探索了基于文档化工作流的流程自动化。第四，我们徜徉在科技自动化的海洋中，体验了四种不同类型的科技解决方案。当你踏上为工作和生活寻找自动化解决方案之路时，我希望这四种模式的自动化将向你揭示无限的可能。

如果你发现你脑海里出现“**一定有更简单的方法来处理这件事**”的想法时，就假设它一定存在，然后去探寻。如果你经常带着这样的疑问思考日常所做的每一件事，你会惊奇地发现，花在繁杂小任务上的时间、麻烦、努力和精力将被极大地节约下来。生活中尽量应用自动化，会让你做事更加游刃有余，充分释放创造力，在那些需要完成的高杠杆收益的任务上更加专注，并使整体效率得到提升。自动化是我的生产力工具箱中最有用的工具之一，现在它也可以成为你最有用的工具之一。

完成下面的练习后，你就可以进入下一章了，通过学习授权，处理无法删除或自动化的任务。也许你**认为**你没有任何可授权的人，这也没有关系。授权是一种很强大的能力，而且，你学到的技巧和策略，即使是世界上最孤独的个体创业者也能立即实施，因此，跟随我们，不要错过。

精简你的任务列表

自动化是生产力的强大武器，但你一定不想你的生活因自动化而意外频发。因此，只有当你愿意花时间去设计和实施你想要的自动化体系时，你才会获得节省时间的好处。为此，我推荐以下两种练习。

首先，在 FreeToFocus. com/tools 中下载“每日仪式”工作表。使用这个模板，设计你自己的四项基本仪式。列出哪些是你会执行的活动，以及执行所需的时间，然后把这些时间加起来，看看需要多长时间完成。具体的活动完全由你自己决定，但需仔细思考你想包含进仪式中的每一个活动步骤。刚开始这样安排自己的业余时间可能难以适应，但不妨尝试一个月，这将为你的生活带来翻天覆地的改变。

接下来，回到你的“任务过滤表”。你已经对可删除的任务做了标记，现在，在任务栏中选出一个可以自动化的事项，并在今天就完成。可以是自我自动化、模板自动化、流程自动化或科技自动化中的任何一个。对于流程自动化的步骤，这里还有一个额外的工具。

从 FreeToFocus. com /tools 下载“工作流优化器”。留意必要的行动，把各个步骤隔离开，并基于实现你想要的结果给它们编号（可以把它想象为菜谱中需要的配料和步骤说明）。完成草稿设计的测试和修改后，你便可以用这个工作流来帮助你保持记忆，或者分享给团队成员，这样他们也会知道如何为你工作，同时引出我们的下一章节：授权。

第6章

授权
克隆自己或克隆更好的自己

我的目标是永远不做别人会做或将要做的事情，因为还有太多别人不能做或不会去做的事情。

——道森·特罗特曼（Dawson Trotman），航海家创始人

我们都知道金钱买不到幸福，对吗？且慢，别这么快下结论。研究人员用术语**时间饥荒**来描述任务比时间多时的感受。当我们在魔镜的反面拼命奔跑，任务所需要的时间远远多过我们所拥有的时间时，无论怎么努力也不可能跟上节奏。正如我们所知，激烈的竞争会对我们的生产力，甚至幸福感都造成直接、负面的影响。

哈佛商学院阿什利·慧伦（Ashley Whillans）领导一组研究人员致力于解决这一问题。在对来自数个经济发达国家的6,000多名参与者进行研究后，她发现，打败时间饥荒、改善幸福感和生活满意度的诀窍很简单也很直接，就是买回

更多的时间，这怎么可能呢？

在尽可能地删除和自动化之后，你的任务清单只剩下少量必须由某个人来完成的关键任务了。问题是，**这个人必须是你吗？**答案往往是否定的！你无法买到快乐，但你可以通过卸下让你感到压力的或不喜欢的任务来换回你的时间，本质上，这是一回事。通过授权可以减轻压力、减少不喜欢的任务、重新掌控自己的日程，从而提升我们的幸福感。慧伦和她的合作者在她们的研究中发现，"花钱买时间与更高的生活满意度直接相关。因时间压力对生活满意度造成的典型的、有害的影响，在那些用钱买时间的个体中会被减弱"。

等等，等等，让子弹再飞一会儿……

从本质上讲，**授权**意味着把主要精力放在只有你自己才能做的工作上，把其他的一切都交给对此项任务更有激情或更专精的人。但坦率地讲，有时，这对高成就人士来说很难，尤其是当你被"身兼数职还能有所交付"的名声所累时。我说"被名声所累"绝非溢美，你会故意雇用一个做事三心二意的人吗？如果你自己坚持做那些既无激情也不专精的工作，那么恭喜你：你赢得了史上最差招聘经理奖。

你不能买到快乐，
但你可以买回时间，
这是一回事。

众所周知，授权在战略上是明智的，组织对此也是鼓励的。问题是，我们固执地认为，理想的授权状况在自己具体的环境中是行不通的。“我有太多的责任。”我们可能会这样说。“我不相信他人能完成这件事，这还得靠我。”这类话已经被滥用。我告诉那些有时也这样说的客户，真实状况并非如此。交付结果的最终责任是会落在你的身上，但你可以在执行过程中让他人施以援手来解决。还有，我们也会说“我自己做会更快”，同样，事实并非如此。授权确实需要一些时间让新人跟上进度，但长远来讲，训练和信任他人，可以为我们的渴望区腾出时间。正如慧伦所说，这就像是在买时间。

你不能买到快乐，但可以买到时间。我们每周都有一样的 168 个小时。但是授权可以让你赎回其中的一些时间，尤其是那些你花在渴望区之外的时间。

有些人拒绝授权的理由是觉得自己负担不起，并将此归咎于资源匮乏。但作为高成就人士，我们的目标就是要用有限的资源获得最好的效果。因此，类似这种情况，缺乏的不是金钱，而是创造力！无论是请兼职、虚拟助理还是在线自由职业者的帮助，你花在渴望区任务上的时间永远比你浪费在其他地方的时间更有价值。所以，为授权付出的成本从授权本身就能得到回报，而且远不止于此。现在，先不要执着于你有限的资源，在学会**如何**授权之前，先搞清楚**哪些**事情需要授权。

> 类似这种情况，缺乏的主要资源是创造力，而不是金钱。

我听过最令人沮丧的不愿授权的借口莫过于："我试过了，但不成功。"如果人们尝试了一两次后就选择放弃，那么艺术、音乐、科技、生产、医药等一切都不会存在。想象一下，一个没有艺术、没有音乐的世界，那就是在尝试一两次然后放弃的世界。我们生活中的一切美好无不是大量的、颠覆性的、反复的试验和失败的结果。如果一两次失败就阻止你实施重大的生产力提升解决方案，那么你一定会遇到比失控的待办事项清单更严峻的挑战。

我知道，让你放弃长期以来一直由你个人执行的任务是很困难的。但如果你想买回你的时间，就势在必行，其结果也一定值得为之努力。所以，对我在本章中所揭示的授权大师的三个秘诀，请给予高度的重视。第一个秘诀是授权等级：它将帮助你清楚地了解哪些活动值得你真正花时间和精力，哪些事情根本不值得由你去做。

授权等级

使用“自由罗盘”来过滤剩下的任务，以找到那些只有你才能完成或应该去做的关键活动。将这些剩余的任务逐个以逆向的顺序放置在生产力四象限上后，你就能够清晰地知道，列表中的哪些任务可以被授权，以及授权的紧急程度。我把这个过程称为授权等级，让我们先从你可能最讨厌做的任务开始过滤。

优先级 1：苦差区　你一定记得苦差区是由既没激情也不专精的任务组成，希望你已经删除或自动化了该区域中的大部分任务。剩下的主要就是可授权的候选清单，尽快地将它们分配出去，这点非常重要。

当你在寻找分配苦差区任务的方法时，请不要因为把你最讨厌的杂务交给别人而感到内疚。就像我们在第 2 章所讲的，你讨厌某件事并不意味着每个人都讨厌。事实上，别人的渴望区完全可能是你的苦差区。以家务事为例，你不喜欢打扫房间和叠衣服，但这些事情可能是别人最喜欢做的。会计、设计、营销或其他任何事情都是如此。

第 1 章介绍过我的教练客户马特，当他停止追问“我能更快、更容易、更便捷地做这份工作吗?”并转向**“我应该做这份工作吗?”**的时候，他的事业和个人生活便开始发生转变。授权苦差区的任务是他的障碍之一，他会说：“拜托，我不得不自己来做！因为，我怎么能把自己都不喜欢做的事交给别人呢?"他认为，把自己不喜欢的工作分配给他人是傲慢而无礼的。改变是如何发生的呢?"我发现我的苦差区未必也是别人的，当我坚持将不喜欢的任务据为己有的时候，实际上我是在阻止人们做他们喜欢的事情。真正的傲慢不是把我们不喜欢的工作委派给别人，而是假设每个人喜欢和不喜欢的都和我们一样。"

另一位教练客户迦勒（Caleb）的情况也类似。他告诉我说："我特别担心我会把很多比如回复客户这样需要高管支持的任务分配出去，因此在委派类似任务时压力很大。"不过，随后，当他在我们的培训课程上看到我的其他客户成功地完成了授权任务时，有了信心，决定亲自尝试。"在清晰辨别我既无激情又不专精的活动后，我开始聘用一些高管支持人员，那些无法令我获得任何能量的'苦差区'的活动，他们做起来得心应手、能量满满，他们擅长的事是我永远也做不到的。把这些任务交付给他们后，我从事渴望区任务的时间从30%增加到了70%，我得以把更多的精力和专注力投入在重要的业务上。"

把你苦差区的任务交给喜欢做的人，可以为你每天腾出好几个小时来专注于对你真正重要的事情。此外，摆脱你讨厌的事情会给你带来新的能量，让你直面渴望区的活动。

优先级2：无趣区　下一个授权的目标是任何仍然处于你的无趣区的任务。仅仅因为你擅长某些事，并不意味着你必须亲自去做，持续做你不感兴趣的事情，最终会耗尽你本应投入在喜欢的事情上的精力。

我懂得处理我公司基本的会计工作，多年来也都是我自己亲自在做，并能完全胜任。然而，我讨厌这份工作，总是将其滞后推迟。通过聘请一位热衷于数字和报告的 CFO，我为自己“渴望区”的活动赢得了时间，这就是授权的目的。所以，如果你对那些没有被删除或自动化的任务感到厌烦，即使你很擅长，也要授权出去。虽然这种授权没有苦差区的清单那么紧急，但也不要拖得太久，所有这些无聊和厌烦最终会让你精疲力竭。

优先级 3：干扰区　经过淘汰和自动化后，留在你干扰区的任务可能有点棘手。你可能更倾向于坚持自己完成它们，因为这是你喜欢做的。但你也不想把时间或金钱浪费在低杠杆收益的工作上，况且，更专业和精通的人士做得能比你好上十倍。

我喜欢摆弄网页设计，但技能远远不足以运营我的企业网站。如果仅仅是因为喜欢，就试图自己管理公司的网站，不仅会浪费我大量的时间，而且每隔一天网站都有可能面临崩溃。因此，即使分心区的任务比其他两区让人更加难以抉择，我还是鼓励你仔细检查、仔细评估每一项任务，问问自己：**我对这项工作的热情到底有多大？值得把这个任务放在发展区，以磨炼足够的技能，使其提升到我的渴望区吗？**如果答案是否定的，那就坚定地委托出去。

优先级4：渴望区　一旦你从你的苦差区、无趣区和干扰区中删除、自动化和授权所有以前由你做的事情，你会发现一个截然不同的世界。虽然这不会在一夜之间发生，但这就是你提升生产力应有的目标——把大部分时间花在渴望区的事务上。将渴望区的工作授权出去只有一个原因，就是这个区域的任务量已远远超出你个人能合理完成的。信不信由你，即使全是渴望区的工作，也能把你累到要死。事实上，这对高成就人士来说是真正诱惑的区域，如果你身处此境，那么你需要检查每一项任务，找出哪些是你最热衷的，哪些是你最擅长的。把自己喜欢做的事情授权出去也许会让你为难，但至少你可以找出那些能够被授权出去的任务，仅保留你最喜欢和最专精的部分。

现在你应该明确有**哪些**事情应被授权了。但想深谙授权的艺术，还需和我们一起学习**如何**有效授权。

授权过程

尽管授权艺术是领导力最重要的组成部分，是高效生活所必需的，但身边授权却以失败告终的人还是比比皆是。大多数领导者可能都认为自己懂得授权，但当他们试图把项目或任务交给别人时，一切就分崩离析。这些失败不仅导致境况比授权前更糟，而且大大降低了领导者今后再次尝试授权的意愿。在这种情形下，领导者们不得不为自己囤积更多的责任，从而降低了工作效率和工作的愉悦感，最终，苦苦挣扎的领导人只剩下一份不可能完成的责任清单，以及没什么人能够帮到他一起完成任务的念想。这听起来是否非常熟悉？

遇到这种情况，人们很容易把责任归咎于员工。甚至更糟的是，授权被假定为根本不可能完成的任务。但残酷的现实是，授权失败的责任必须由领导者承担，这是因为，是领导者不知如何恰当地做出授权。许多人想当然地认为授权只是委派给他人一项任务和一些指示，然后坐享其成，实际并非如此。授权是一个过程，需要你的时间投入。授权的目标是培养充满激情、精通业务，即使最困难的任务你依然可以信任的团队成员，而这一切，只有在你带领他们经历信任和技能构建的过程之后才会发生。如果你带领团队成员完成以下 7 个步骤，你不仅会发现自己被很多有能力的员工包围，还会发现你的周围围绕着更多未被开发的潜在领导人才。

第一，**决定授权什么**。授权等级明确了哪些任务需要委派，以及委派的顺序。从你的苦差区开始，然后分别是你的无趣区和干扰区。如果你没有时间应对自己渴望区的所有任务，想办法也把这些事情整理一下，或者至少把其中的一部分委派出去。这一步虽然看上去显而易见，但只是开始。如果你不从哪些任务应该被授权开始弄明白，是没有可能成为精通授权之术的领导者的。

第二，**选择最佳人选**。“自由罗盘”不仅对你很有用，对你的团队成员也同样如此。不是只有你要把渴望区的工作干得出色，其他人也需尽可能待在这个区域。当决定把一个任务授权给他人时，要确保找到对这个任务富有激情和确实专精的人。例如，如果你移交的是社交媒体账户，不要选择那些认为社交媒体是浪费时间，或者那些就没有脸书、推特或者照片墙账户的人，他们肯定不知道如何最大限度地扩大你在社交媒体上的影响力，因此不可能做得好。没能找到合适的人是导致委派成为灾难的重要原因，要想成为一名优秀的授权者，你必须培养自己的耐心和专注力，使授权任务与接受者匹配，当你做到这一点，你会为自己带来难以置信的成功。

第三，**沟通工作流程**。确定好最佳人选，很重要的是告诉他们如何开始工作，你在第 5 章中完成的工作流在这里可以得到很好的应用。通过创建文档化的工作流来自动化你的流程，将会使授权更加容易。你只需将工作流移交给他们，并展示如何使用，然后体系便可自动接管。当然，即使你没有准备好工作流，也无须紧张，因为并不是所有的任务都适合文档化的工作流。也有一些人可能不具备你这个领域的专业知识，让你无法确定是否能完成所有工作，如果是这种情况，只告诉他你需要他做什么，以及你希望看到的结果就可以了。根据你选择的人选和任务的复杂度，你也可以让他们尝试创建或文档化自己的工作流。除此之外，在他们接手期间，你还需要带着他们体验一到两次。无论是准备好完整的工作流用于交接，还是需要承接者自己创建，在进行下一步之前，都需确保交付的结果已经沟通清楚。

第四，**提供必要资源**。在这一步骤中，你要确保做这项工作的人拥有他们所需的取得成功的所有资源。不仅需要提供实物方面的如钥匙、文件或特定工具，还需要沟通智力资源等一些无形资源，比如登录信息或他们需要的软件。同时，你还需要向其他团队成员或相关部门发送邮件，让他们也知道他将代表你行事。所有这些都是妨碍授权工作成功的烦人小细节，仔细过滤这个过程的每一步，确保你已经交接了他们所需要的一切。

第五，**明确授权权限**。在你允许某人承担任务或项目之前，你需要非常清晰地沟通你的期望。这不仅是简单的一步一步的战术指导，还包括给予他们明确的工作权限。你希望他们只进行研究并报告自己的发现，还是想让他们无须和你再次确认就完成整个项目？不同的情况需要不同级别的授权，如果权限授予不明确，可能会造成双方的混乱和不满。即使是最娴熟的授权者，也会因为对结果的预期与承接者不一致而导致失败。关于授权权限，稍后我们将详细讨论。

第六，**给予执行空间**。承接者在明确自己的任务、得到完成任务充足的资源支持，并且确切地理解你赋予他们的权限范围后，你就已经可以把责任交付给他们，让他们完全接手项目或任务了。无法留有足够的授权执行空间，是导致授权失败并让很多人失望的地方。尽管授权很显然意味着我们需要退后，让接手人去做，但实施起来却并不容易。很多时候，我们难以在情感上放手，不再干预接手人的行事方式，这正是事无巨细型管理者诞生的地方，尤其值得留意。我曾经就有这样一位上级，让我的生活一团糟。他在我身边转来转去，质疑我的一举一动，事后又对我的每个决定表示不满，没有人希望在这样的环境下工作。如果你选择了一位有能力的团队成员，并为他们做好了适当的准备，这些人就一定能完成任务。所以，退后一步，让他们自己执行。

第七，**定期检查并根据需要提供反馈**。虽然你并不想事无巨细地插手，但如果你认为一旦把任务交给别人，你就可以完全脱身，那就大错特错了。授权不是退位，即使你已经把工作外包给别人，你仍然要对结果负责。你需要定期检查以确保事情按照你希望的方式和进度推进。但我再次强调：不要将此作为事无巨细管理的许可证，给予你的团队以工作尊严，持续予以关注直到你确信他们的做法尽在可控之中。

你带领团队成员完成了这 7 个步骤后，将顺理成章地看到一系列值得信任的、高质量的工作交付。随着团队成员的成长，可让他们代表你行使权力的事务也会越来越多，此时，你个人的能量和生产力才将真正爆发。

五级授权

上面概述的授权过程中明确了授权权限（第五个步骤），这对你可能是一个全新的概念，所以让我借用一个案例来详细解释。我最近辅导了一位年轻的领导人，我们叫他汤姆（Tom）。汤姆正在筹划一项特别的活动，但他惊奇地发现他的团队中已经有人完成了未经他许可的项目。和他谈话时我看得出他的沮丧，汤姆认为他的团队成员越界执行了一些并没有交付的任务。在详细了解了情况后，我说："这不是你团队成员的问题，责任在你，当你委派任务时，你对任务的期望并没有表达清楚。"

汤姆很震惊，他以为已经和员工说得很清楚了。但当我向他介绍接下来将向你展示的框架时，他才意识到在这件事上，他默许了多少的混乱和模棱两可。在做授权时，仅描述你想达到的最终结果是不够的，你还需要明确授权权限以及授权对象自主权的范围，如果你没有这样做，要么会被那些做得很少的"后进生"拖累，要么就是被超额交付的"特优生"弄得不知所措。让对方清楚了解你对工作要求的尺度是你的责任，可以通过以下五级授权级别来做到：

一级授权：在第一级授权中，你希望对方完全按照你的要求去做，不多做也不少做。类似这种情况，你可以这样说："这就是我需要你做的，不要偏离我的指示。我已经研究了各种选择，并决定了我需要你做什么。”这里的措辞很重要，所以逐句分拆如下：

- 这就是我需要你做的：在这里，你需明确地告诉对方你想让他们做什么。没有人能读懂你的心思，所以表述要非常清晰。
- 不要偏离我的指示：这给出了一个严格的界限，让你的期望更加明确。
- 我已经研究了各种选择，并决定了我想让你做什么：这为你的授权提供了缘由、原则和内容。

这一级别的授权非常适合新员工、入门级人员、合同工、虚拟助理，或者任何你清楚要做什么，只是需要有人按部就班执行的工作岗位。

二级授权：在第二级授权中，你希望该人员就你交代的主题做调研后向你报告，只是这样，没有其他。你指定的人员只做调研，不能代表你采取任何其他行动。这就是我的朋友汤姆搞砸的地方，他以为他只是交代某人做研究，并为这个人采取的后续行动感到震惊。汤姆本可以避免这种情况发生，他可以说：“这是我需要你做的事情；我想请你就这个问题做研究，然后把报告结论反馈给我；待我们讨论后，我会做出决定，告诉你下一步做什么。”同样，每一句措辞都很重要，所以让我们再次分解如下：

- 这是我需要你做的事情：很明确！确保他们理解任务的要求是你的工作。
- 我想请你就这个问题做研究，然后把报告结论反馈给我：阐明你所说的研究是什么意思很重要，你只是想让他们在谷歌上搜索？还是想让他们进行在线调查？或者只是给几个客户打电话？向供应商征集招标意向？换句话说，就是明确你想要的研究范围，清晰是此处的关键。
- 待我们讨论后，我会做出决定，告诉你下一步做什么：在此明确两个非常关键的期望：一、你要让他们知道，你会和他们讨论调研发现；二、你要确保他们知道，你是唯一做决定的人。这就是你设定的界限，他人无权采取任何行动或做出任何决定。

这个级别的授权最适用于你还无法做出决策，需要有人为你收集信息的任务。一旦有了数据支持，你也许很快就可以做出决策。

三级授权：从第三级开始，你给了承接人更多的执行空间，以及参与问题的解决过程，但你仍然保留自己的最终决定权。在这一步，你可以说，“这就是我需要你做的。研究主题、概述选项、提出建议。请给我每种选项的优缺点，告诉我你的建议，我们应该怎么做。如果你的建议被采纳，我将授权你继续执行项目。”同样，让我们进一步做出分解：

- 这就是我需要你做的：很明确！和上面的规则一样。
- 研究主题、概述选项、提出建议：和第二级一样，你需要明确他们研究的范围。不过，你的要求又多了一步，需要他们评估这些选项，然后选出一个给你。但你只让他们给出选项，没有授权给他们执行。
- 给我每种选项的优缺点，告诉我你的建议，我们应该怎么做：在这里，你请他们展示所做的工作。换句话说，在没有给你机会彻底了解他们想法形成的过程之前，他们不应该期望你会同意他们的决定。在这一步，他们应该知道为什么需要做出优缺点分析和提出建议的缘由。
- 如果你的建议被采纳，我将授权你继续执行项目：最后一步，他们的工作就是要能够让你相信他们的决定是正确的。如果你还没有被说服，说明他们的研究和建议可能是有误的。但是，如果他们的工作做得很好，那么你也应该最后批准和授权他们继续执行下去。

授权，是指导和培养未来领导者很好的机会，可以在没有任何风险的前提下判断他们的决策水平。你可能也感觉到了，这个级别的授权可以下放你的决定权。在此阶段，用一个简短的会议，你就可以就一个复杂的问题高效地告知大家你的决定。以前这类可能要花去你整整一周时间的事情，现在一个小时就能完成。

四级授权：第四级授权的事项包括评估选项、做出决策并执行，然后在决策完成后基于事实向你汇报。在这个阶段，你可以这样说："这就是我需要你做的，请尽你所能做出最好的决策并采取行动，然后，告诉我你做了什么。"有时你可能想补充说："请随时让我知道你的进展。"在这个阶段，你已经接近"克隆自己"了，所以这个过程应该是激动人心的。让我们逐一分解：

- 这就是我需要你做的：和上面一样，清晰明确。
- 做你认为最好的决策：明确地说明他们可以做决定，但需要他们把这项工作的结果置于优先级。换句话说，他们会做与第三级相同的研究，不同之处在于，他们执行的是自己的决策，而不是你的，不过，他们需要让你知情。
- 采取行动：明确告诉他们无须等你的批准便可采取行动。这是你第一次在授权过程中把你的手从方向盘上移开，所以请确保这个人是你可信任，并能代表你来行事的。
- 告诉我你做了什么：此处，我想澄清的是：这不是你事后诸葛亮的机会。事情已经做了，无法回头。这个阶段，对方仅仅需要保持和你良好的沟通以及随时知会你进展，并让你深入了解他们的决策质量，为将来进一步授权打下良好基础。

- 随时知会我进展：这部分是可选项，主要适用于多项并进的，或需要很长时间才能完成的项目。你可以明确说明你喜欢的知会方式，比如每周发一封电子邮件，或者把它添加到你现有的会议日程中。

这一授权方式非常适用于成长中的领导者们。通过赋予他们决策的历练，可让你有更多机会评估他们的表现。同时，对于无关紧要的、你对结果没有强烈喜好的任务，比如让你的助理为客户挑选圣诞礼物之类的事情，这一级授权也适用。

五级授权：在第五级，你有效地将整个项目或任务移交给他人，并完全退出决策。在这个阶段，你可以这样说："这就是我需要你做的。请按照你认为最好的决策去做，没有必要向我汇报或告诉我你做了什么。"现在，你已经克隆了自己，真正开始看到了授权的好处。让我们分解这最后的一级：

- 这就是我需要你做的：同上。
- 按照你认为最好的决策去做：像第四级一样，你明确要求他们，在做了研究之后可自行做出决定、评估利弊、探索最佳决策选项。
- 没有必要向我汇报或告诉我你做了什么：这是第五级

> 与第四级唯一不同的地方。有了这个声明，你就免除了他们需要定时回复你的任何义务，你也就正式退出了决策过程。

第五级授权是魔力发生的地方。非常适用于你对被授权者充满信心，以及你对任务完成的形式已无要求的阶段。第五级授权的例子可能是让你的营销主管决定新产品发布的营销预算，或者让你的行政主管自行决定更换公司休息室的家具。

使用五个级别的授权不仅可以转移你个人的工作量、减少你的压力，同时也给你的团队成员以充分成长的机会，通过与你一道完成不同级别的授权来提升自己的能力水平，这对每个人来说都是双赢。我建议你在整个团队实施这五个级别的授权，并向他们解释，从今天起你将如何启用不同的授权级别。画出授权全景图，甚至可以对不同级别的授权进行分门别类的命名，使其成为你公司共同的工作语境。所有这一切都将努力创造一个更安全和更明确的环境，每个人都会知道他们在授权情境中的责任。

买回你的时间

我想用最后一个建议来结束这一章节。如前所述，人们常常不愿授权，是因为他们认为自己做会来得更快或更简单。他们是对的：相比于教授他人完成工作，并带领他人走完不同级别的授权过程，自己一次性完成单一任务要容易得多。但问题是：大多数任务都不是一次性能完成的，这些事情反复出现，每次都会让领导者们从更重要的工作中分心。因此，尽管授权在前期花费了很多精力，但它为之后出现的相同任务节省了大量的时间。

此外，你可能还会因此得到一个更好的收益，即你可以是公司的多面手，但并不意味着所有的工作你都能出色交付。我的客户马特告诉我："通过授权和赋予员工主动性，工作结果被同事们提升到另一个层面，他们做得比我还要好。因此，这些事情不仅不再需要我事必躬亲，我还得到了更好的产品，客户也大为受益。"

马特的生意因此蒸蒸日上。至于迦勒，当他将非渴望区的任务授权出去之后，所带来的边际利润显著提升。他说："我所有渴望区的活动都是关于我的客户，以及能对他们的业务产生指数级影响的事物。工作不再是照着任务清单执行、打勾，而是保有足够的余量和空间来做创造性的事情。"授权不仅让迦勒更好地为现有客户服务，也让他能够推出新的举措，同时还留出时间来为自己充电。

时间是固定的，但你可以买回更多。除非你学会了如何以及为何授权，否则，你永远不可能有时间和精力去关注那些对你真正重要的事情，如你的优先任务、你的重要关系和你的重大项目。

在本书的第一部分，你学习了如何驻足思考，为生活创建你想要的愿景。第二部分，你学习了如何删除、自动化和授权那些不在你渴望区的事务。现在，到了学以致用、付诸行动的时候了。请随我们一道进入本书的最后一个部分，步骤 3：付诸行动。在这里，你将学习如何打开新的生产力机器的开关并令它持续运转，以充分释放你的精力，最终事半功倍地提升生产力。这是最有趣的部分，所以请完成这一章的练习，为最后的冲刺做好准备。

项目愿景魔术棒

请先完成你过去几章中一直在使用的“任务过滤器”。如果你还没有做，请登录 FreeToFocus. com/tools 下载。至此，你已经分类列出日常任务，并对可以删除和自动化任务清单做了标识。现在，先授权什么呢？如果你还没有准备好把剩余的任务授权出去，不妨以终为始，从你最渴望的愿景开始。授权对我们大多数人来说既不容易也非本能，身后出现的负面声音，尤其是本章开头的那些反对意见都值得关注。

接下来，至少选择一个要在今天授权出去的项目或任务。在FreeToFocus.com/tools上下载“项目愿景魔术棒”，它将帮助你把你对项目或任务的愿景转化为文档，这样你的团队就能够清楚地看到并出色地执行。“项目愿景魔术棒”能够让团队成员清晰职责，请仔细选择合适他们的授权等级并完成移交。如果授权让你感到紧张，不要担心，让这个过程成为你和你的团队共同的学习经历。

深度专注力

管理精力和时间的 9 种方法

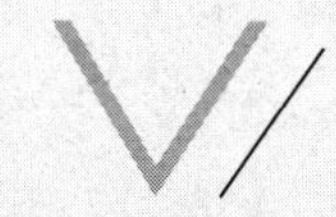

步骤三

付诸行动：整合、设计、主动

第 7 章

整合
计划你的理想周

计划可以防止杂乱无章和突发奇想，它是让一天井然有序的网。

——安妮·迪拉德（Annie Dillard），美国著名女作家

当我们的专注力相互撕扯时，有时我们会默认自己可以同时处理两个或更多的任务，然后，为自己的多任务处理能力沾沾自喜。但现实是，人类大脑并不能并行处理多项任务，反而，如记者约翰·纳伊什（John Naish）所说："大脑在不同任务之间疯狂切换，就像一名糟糕的飞碟杂技演员。"

这种切换代价十分高昂。乔治敦大学（Georgetown）计算机科学家卡尔·纽波特（Cal Newport）认为，当你在不同任务之间切换时，"你的注意力并没有即时转移，你注意力的残留仍然在之前的任务思考上。"切换不是天衣无缝的。"注意力残留"让思维变得迟钝。加州大学欧文分校（California at Irvine）的一项研究发现，由于邮件或电话等造成工作中断后，员工平均需要25分钟才能恢复到原有的工作状态。由于专注力被打破，大脑频繁的转换其实降低了我们的处理能力。当我们专注于一项任务时，大脑思考的是完成任务的关键因素。然而，当同时处理多项任务时，我们的能力在对任务彼此相关与否的判断中被牺牲掉了，我们开始浪费时间处理无用的信息，让自己陷入更加忙碌但收效甚微的恶性循环。

尽管我们已经习惯了疲于应对，但如果把注意力残留的影响和无关活动的干扰相乘的话，一天下来代价巨大。你应该有过这样的体验：度过十分忙碌的一天后，却怅然若失地发觉，这一天不知道自己都干了什么。答案就在这里，我们总是很忙，却丢失了最重要的阵地。

解决方案就是把我们的工作设计成一次只专注于一件事。这一原则并不新鲜，早在智能手机、电子邮件和即时短信出现的几百年前，切斯特菲尔德勋爵（Lord Chesterfield）就警告他的儿子不要一心多用。“如果你一次只做一件事，那么一天时间就足够去做所有的事。”他说，“但如果你一次做两件事，那么一年的时间都不够用。”在本章中，我们将应用切斯特菲尔德的经验，通过学习整合多项活动，使你的注意力放在它应该放的地方：一次只做一件事。我们将通过讨论“批量集中处理”和计划“你的理想周”来实现。

批量集中处理的力量

我们大多数人都听说过批次处理，就是把类似的任务集中在一起，然后在一个特定时间处理所有同类任务的过程。例如，你每天早上和下午可以抽出一些时间清空你的邮箱、群聊软件和社交媒体上的留言（你可能还记得，这些是在第 4 章中提到的，我每天开始工作和结束工作的固定仪式）。或者，你也可以保存一周有价值的报告或建议书，一次性全部阅读和修改。批量处理是我所知道的能保持专注和攻克任务最好的方法之一。但即使是最专注的飞碟杂技演员也不能每次都把这项技术发挥到极致。

几年前，我开始批量处理更大规模的事情，我将其称之为“批量集中处理”（MegaBatching），我将这项技术首先应用于我每周的播客录制。以前，我通常的做法是每周调研并录制一集新节目，不过有时候我并不能一心一意地去调研，导致本该花一到两小时去做的事，却浪费上一整天。但我发现，我和我的团队可以提前收集资料，然后用几天时间来批量录制一整季的节目。一下子，我不仅将自己从每周的负担中解脱出来，还节省了大量的时间和金钱。

我发现会议也是同样如此。一眼望去，专业人士的每周计划就是一堆杂乱无章的会议，他们没有接受请求的总体策略，任由他人支配着自己的一天。仅用精美的日程表被动地记录要做的事情，哪怕这日程表是杰克逊·波洛克（Jackson Pollock）[一]大师所设计，我也负担不起。当我意识到我是唯一关心自己专注力和生产力的人时，我开始为自己的日程表设定规则。今天，除了极少数的例外，我将每周所有的会议集中在两天，与内部团队成员的会议安排在周一，与外部客户和供应商的会议安排在周五。这样每周我就有中间的三天用来完成需要高强度深入专注的任务，不会再有不得不停下手头工作赶去参加别人会议的情况出现。

“批量集中处理”让我能够长时间专注于一个项目或一种活动，我可以心无旁骛、高质量地快速完成大量的工作。在锁定的那个时间段内，我能全身心忘我地投入到那一刻对我而言最重要的事务中。“批量集中处理”并不是简单地把几件事放在一起，然后花几个小时集中处理，而是把相似的活动有序地安排在一整天，以保持高度的专注力和高昂的动力。

纽波特[二]认为，我们需要延长不受干扰的时间以进行深

㈠ 杰克逊·波洛克（Jackson Pollock，1912—1956），美国画家，抽象表现主义绘画大师，著名行动绘画艺术家。是第二次世界大战以后，在世界范围内“新美国绘画”的象征。2006 年 11 月 3 日，波洛克的一幅作品《1948 年第 5 号》拍卖出全球绘画作品最高价，达 1.4 亿美元。——译者注

㈡ 卡尔·纽波特（Cal Newport）现为乔治敦大学计算机科学专业副教授，是麻省理工学院计算机科学博士。其主要著作有《深度工作》《如何成为尖子生》等。——译者注

整合　计划你的理想周

你能把工作做得比你想象的

更好、更快、更愉悦。

度思考，他称其为**深度工作**。深度工作令你可以有足够的时间沉浸在一个项目上，并尽可能地长时间专注在那里。那么怎样才能做到排除所有干扰，三小时、五小时、甚至是好几天全然专注在一种类型的活动上呢？“批量集中处理”就可以帮助你做到。它为你营造了一个合适的环境，在那里你不用频繁换挡就可以出色完成对你重要的任务。当你重新找回动力时，你会把工作做得比你想象的更好、更快、更愉悦。

由于这类工作通常独自完成时效果最好，Basecamp 的杰森·弗里德（Jason Fired）和大卫·海涅梅尔（David Heinemeier）称之为在“单独区域”的深度思考。最近我看到这种模式在许多行业突然兴起，例如，英特尔的管理层启动了一个项目，允许他们的员工可以拥有整块独处的“思考时间”。根据《华尔街日报》撰稿人雷切尔·艾玛·西尔弗曼（Rachel Emma Silverman）报道，在这个时间段里，“员工不需要回复邮件或参加会议，除非事情紧急，又或者他们正在进行合作项目。”她说，“其他人还在疯狂的节奏里为永无止境的工作疲于奔命时，已至少有一名员工利用这些‘思考时间’开发出一项专利了。”让员工把自己隔离开，专注于重要的任务，即使这些任务当下并不紧急。英特尔和其他公司正从这样的模式所产生的生产力、创造力甚至新产品的创意中斩获收益。

不过，很重要的发现也在于，当专注度达到一定的程度，协同工作也会产生显著的回报。“批量集中处理”的协同时间给予团队足够的期限去应对挑战、取得想要的结果。无论是个人还是团队，只要我们专注于重要的任务，奇迹就会发生。

我发现根据三大主要活动场景分配时间很有帮助，我将其设置为：台前、幕后、谢幕后。这个想法的灵感来自莎士比亚《皆大欢喜》中的名句：

> 整个世界是个舞台，男女众生皆是演员；
> 何时登台何时退场，一人分饰不同角色。

世界是个舞台，是上演人生故事的地方。我们都是演员，在不同的场景中登台、退场。如果我们不加小心，我们的一天就可能在不同场景扮演的数十个角色中流逝。现在让我们逐一了解：

台前：一说到舞台，你首先想到的可能就是台前，故事发生和戏剧展开的地方，至少从观众的角度来看是这样的。演员的工作就是表演，在舞台上演绎角色呈现给观众。你被雇用和支付报酬来完成的任务就是你台前的活动，即你的关键工作职责、主要交付成果和绩效考核相关项目等结果的呈现。例如，如果你是销售人员，你的台前活动可能是打电话寻找潜在客户、评估客户需求或推介会。如果你是一名律师，你的台前活动可能是会见客户、出庭或合同谈判。如果你是一名企业高管，你的台前活动则可能是展示营销计划，主持高层会议，或者为新产品或服务设计愿景。

换言之，只要你交付的是你老板、客户为你支付报酬的结果，那就是台前的工作。台前工作未必都需要在大众面前完成，但你的台前工作一定是能够帮助你完成与工作相关的使命召唤，即和你的渴望区高度重叠的活动。亦因此，你工作的关键职责应该是你最具激情和最为专精的领域。

也许现在你的日程表无法达到这样的平衡，因为你想象不出要花数小时、一整天，甚至好几天连续完成台前工作的情境。如果确实如此，也没有关系，应用所学需要时间，只是不要让它成为阻碍你向正确方向前进的借口。即使前进的道路并不完全清晰，你仍需朝着你的“自由罗盘”为你指引的方向前进。如果你觉得有阻碍，在本章的后面你可以找到帮助你的策略。

幕后：我们主要在舞台上欣赏演员们的表演，但舞台表演并不是他们所有的工作，更多的幕后工作使他们能够走上舞台继而大放异彩。观众们只看到台上表演的部分，但看不到最初的试镜、数小时的排练、花在背诵台词上的时间，又或是为了最佳的演出效果周而复始的练习。对我们大多数人来说，幕后包括两个步骤的活动，其一是（之前具体讲过的）删除、自动化和授权，其二是协调、准备、维护和成长。我们来看看这两个步骤的关系：

现在你已经知道删除、自动化和授权的重要性，那什么时候去完成呢？从任务清单和日程表上做删除、设置模板和流程、分配任务和项目都需要花很多时间，而通常这些活动都是重要但不紧急的任务，（第 8 章我们会详述它们的区别），因此很容易在几周或几个月时间后就将之抛在脑后，忘得一干二净。但正如我们已知的，从长远来看，在这些方面的投入会为你今后节省出大量的时间。确保你能先期投入的最佳解决方案就是利用幕后时间完成“批量集中处理”的工作，相比于让这些无计划的活动肆意挤压你的空间，有计划地安排时间来做删除、自动化和授权一定会令你取得更大成就。

幕后工作通常包括各种类型的**协调**。可能是简单地与你的团队开会，或授权他人策划新接手的项目和任务。有些会议，比如最初的愿景探讨，可能属于你的台前活动，但并不是所有的会议都是。大多数重要的项目需要数周、数月或多个季度才能完成。例如，一旦项目启动并运行，就可能需要定期的检查，因此要举行会议来明确责任、共享信息和协同工作。这类协调性的工作便适合放在幕后。

台前的工作需要幕后的时间来**准备**。如律师的准备工作就包括研读判例或排练开场辩论；对于商业设计师来说，准备可能是研究色彩趋势，或者尝试新标识的字体；而对高管来说，准备可能是为重要会议制定议程，或者在进行财务回顾前研究损益表。这些活动都将确保你在台前表现优异。

维护是幕后另一个关键活动。没有什么比坏掉的系统、爆掉的收件箱、过时的流程和混乱的空间更能破坏你的工作效率了。维护包括邮件管理、账单支付、费用跟踪、文件分类、工具和系统更新，甚至也包括打扫你的办公室。幕后的混乱会毁掉你在台前所有的努力。维护可以让你在登台亮相时展现出最好的一面。

最后，幕后工作还包括你个人和团队的**成长**。也就是说，学习新的技能可以提高和优化你的表现。对于企业家可能是去参加一个提高公共演讲技巧的研讨会，或者为参加网络研讨会注册一个新的账号；对于专业人士可能是参加一些课程来温习他的技能或更新资质；还可能如我们多数人所做的那样阅读有关自己领域的出版物、参加会议或投资时间学习新的生产力提升方法。幕后的付出与成长是为了让我们自己变得更好，让我们能够在台前大放异彩。

然而，无论你在幕后花了多少时间，重要的是要认识到幕后工作对于台前表现的重要性。同样重要的是，要认识到这些并不等同于在你苦差区、无趣区和干扰区的任务。当你留出时间做删除、自动化和授权时，要避免落入利用幕后时间去做这些事的陷阱。幕后活动虽然可能没有台前那么有回报和令人兴奋（这就是为什么有意识地为它们安排时间是非常必要的），但它们一定也不应该让你为之痛苦。记住，幕后的努力是你在台前光彩夺目的前提，所有这些任务，无论发生在哪儿，都应尽可能地反映着你激情和专精。请参阅下边的表格，了解按职业划分的台前和幕后的工作示例。

台前幕后工作案例

职业	台前	幕后
设计师	设计、图片编辑	出账、会议
市场总监	客户获取、活动规划	预算、投放广告
律师	客户会议、调解	调研、提出动议
销售员	业务拜访、方案展示	费用报告归档
作家	写作初稿、编辑内容	邮件、调研
高管助理	执行任务、日程管理	创建邮件模板和工作流
教练/顾问	与客户一起工作、完善工作内容	出账、更新及维护网页
摄影师	摄影、校色	出账、设备维护
创始人/首席执行官	提供方向、团队建设	邮件/群聊平台、会议
牧师	传教、劝告	信息准备
会计	客户会议、报税	出账、阅读税务代码更新
私人教练	培训课程、教练电话	研究、推广
财务顾问	客户会议、为客户准备报告	邮件、业务推广
门店经理	团队会议、一对一辅导、招聘	财务报表、报告
公众演讲者	发表演讲、YouTube 网络渠道	内容准备、社交
创业者	开发新产品、锁定客户	流程建设、网站维护
高端猎头	寻找潜在客户、面试、社交	创建模板、组织联系
信息专家	故障排除、维修、安装	调研、跟进、报告后续
房地产代理	看房、社交	书面工作、归档、回应

谢幕后：这个比较容易理解。谢幕后是指你不工作的时候，当你离开舞台，专注于家人、朋友、放松和恢复活力的时

候。谢幕后的时间是你恢复活力的关键，当你重返舞台时，你又有新的东西可以展现，因此，请尽全力保障你谢幕之后的时间。

就像演员不能总是生活在舞台上，舞台只是他的工作场所。同理，你也不能总是生活在工作中，工作是你生活的一部分，非常重要的、有回报的一部分，但不是你生活的全部。舞台上的精彩夺目和高质量的闲暇时光的相互平衡才是我们所追求的，我将在下一章中告诉你更多有关如何计划时间的方法。

计划“你的理想周”

现在我们已经对三种场景的活动：台前、幕后、谢幕后有了基本的了解，那就可以借用“批量集中处理”的力量来构建被我称为“理想周”的工具了。这个工具将帮助你按照你想要的方式规划你的时间。你可能听过德怀特·艾森豪威尔的那句老话：“计划本身毫无价值，但制订计划就是一切。”工作周虽远没有战场危险，但你的工作效率会因上百件事的影响而降低。一个计划无法决定你与敌人首次交锋的胜败结果，但有了计划你就可以更快地调整、恢复，更迅速地找到立足点，清晰的计划让你知道目标在哪儿，以及为何而战。

“你的理想周”的底层逻辑令你拥有对生活的选择权。

你既可以按照自己设定的计划有目的地生活，也可以在意外频发和回应他人的要求中度日。前者是主动的，后者是被动的。当然，你不可能计划所有的事情，有些事情的发生确实让人无法预料。但是，如果你积极主动、以终为始，就能得心应手地完成最重要的任务，这就是设计“你的理想周”的意义。这和设计财务预算很相似，不同的是，你在计划如何使用你的**时间**而不是**金钱**；相同的是，你都需要先在纸上做出规划。

“你的理想周”是这样设计的：先把一周中的每一天想象成一个完全空白的日程表。大多数日历应用程序都能够让你预览一周的全貌，将一周中的每一天以 7 列并排显示。用这种纯粹的方式想象，你的一周开始时应是一张白纸，你拥有和其他人一样多的时间，你会如何使用它们呢？

从下一页的例子中，你可以看到我是如何规划我的“理想周”的。你可以在 FreeToFocus. com/tools 上下载一个模板，来创建自己的“理想周”。“理想周”的模板在我的“**完全专注计划表**”（Full Focus Planner）中也可以找到。你也可以打开你的日历应用程序，创建一个新的空白周，或者先在纸上勾画它。不要担心它是否完美，也不要试图把它安排在现有的日程表上。记住，我们正在创造一个“**理想周**”，所以让我们从头开始，先看演绎的舞台、主题，然后是个人活动。这一过程允许你在空白的画布上，描绘出能使你成为最好的自己的方式方法。

确定场景

第一步是将每周的活动批量安排在不同的场景中，决定你每天的活动是做台前、幕后，还是谢幕后的任务。比如我将周一和周五规定为幕后时间，我通常用来处理邮件、整理文件、做研究、学习新技能或能力、计划未来的活动或与我的团队开会协调各种项目。这些事情可以安排在你选择的任何一天，是用来完成你被雇用要做的事情的准备工作，相比于其他时间，这些天的产出将有助于最终的结果交付。

运用同样的逻辑做台前的规划。比如我，会把台前的工作固定安排在每个周二、周三和周四，利用这几天举办研讨会或网络研讨会、录制音频或视频内容，或以各种形式接待客户、合作伙伴或潜在客户。我们从不在周四召开公司级的团队会议，所以，这个时间段会开放给团队的其他成员，其中很多人用这段时间来规划他们的台前安排。无论你为台前的工作预留了多少天，请记住，这段时间就应用来做你最初被雇用时要做的事情，也就是能够推动你的业务、区域或部门向前发展的高回报的工作。如果你一周都没有计划一到两天的台前时间，你的业绩肯定会受到影响。

当你计划“你的理想周”时，要确保预留出充足的谢幕后的时间以恢复活力。对我个人，周六和周日，我会用来休息娱乐，悠然自得地与家人或朋友享受长时间的用餐、去

我的理想周								
主题	场景	幕后	台前	台前	台前	幕后	谢幕后	谢幕后
	时间	周一	周二	周三	周四	周五	周六	周日
自己	5:00—5:30	晨间仪式						
	5:30—6:00							
	6:00—6:30							
	6:30—7:00							
	7:00—7:30							
	7:30—8:00							
	8:00—8:30							
	8:30—9:00							
工作	9:00—9:30	工作日开始仪式						教堂
	9:30—10:00	开放和内部会议	台前活动			开放和外部会议		
	10:00—10:30							
	10:30—11:00							
	11:00—11:30	支持团队会议						
	11:30—12:00							和父母午餐

（续）

我的理想周

主题	场景	幕后	台前	台前	台前	幕后	谢幕后	谢幕后
	时间	周一	周二	周三	周四	周五	周六	周日
工作		工作日开始仪式						
	12:00—12:30	和首席财务官午餐会	台前活动			开放和外部会议		
	12:30—13:00		午餐	午餐	午餐	午餐		
	13:00—13:30		小憩	小憩	小憩	小憩		
	13:30—14:00	小憩	台前活动			开放和外部会议		
	14:00—14:30	开放和内部会议						
	14:30—15:00							
	15:00—15:30							
	15:30—16:00							
	16:00—16:30							
	16:30—17:00							

（续）

<table>
<tr><th colspan="9">我的理想周</th></tr>
<tr><th rowspan="2">主题</th><th>场景</th><th>幕后</th><th>台前</th><th>台前</th><th>台前</th><th>幕后</th><th>谢幕后</th><th>谢幕后</th></tr>
<tr><th>时间</th><th>周一</th><th>周二</th><th>周三</th><th>周四</th><th>周五</th><th>周六</th><th>周日</th></tr>
<tr><td rowspan="2">工作</td><td>17:00—17:30</td><td colspan="5" rowspan="2">工作日结束仪式</td><td rowspan="2"></td><td rowspan="2"></td></tr>
<tr><td>17:30—18:00</td></tr>
<tr><td rowspan="6">恢复</td><td>18:00—18:30</td><td colspan="5" rowspan="2">晚餐</td><td rowspan="6">朋友</td><td rowspan="6">家庭</td></tr>
<tr><td>18:30—19:00</td></tr>
<tr><td>19:00—19:30</td><td colspan="3" rowspan="4"></td><td rowspan="4">晚间
约会</td><td rowspan="4">家庭</td></tr>
<tr><td>19:30—20:00</td></tr>
<tr><td>20:00—20:30</td></tr>
<tr><td>20:30—21:00</td></tr>
</table>

这是我目前理想周的例子，希望你可以借鉴用来建立自己的理想周。**FreeToFocus. com/tools** 上有更多的例子供你参考，还有一个空白的理想周表单供你使用。

教堂，或者建立我最重要的人际关系。这两天我不会工作，事实上我甚至不允许自己在这段时间思考工作、谈论工作，或者阅读任何与工作相关的东西（见第3章）。一些专业人士有他们自己的时间表，需要工作周之外也工作，这没有关系，但最好能每周分配一到两天用来做你自己常规的谢幕后事务。如果你想知道如何确保自己能抽出这些必要的时间，那么第一步就是在规划“理想周”时把这些时间预先锁定进去。

明确主题

接下来，明确在你锁定的时间段内想要进行哪些活动。先不要马上考虑个体的活动或任务，只考虑宽泛的主题，最简易的切入方法是想象自己身处早上、日间和晚上。我遵循这个方法并且用三个主题来安排我的一天：早上属于**自己**，日间属于**工作**，晚上用于**恢复活力**。给每个时间段设定主题不仅能帮助你明确想要完成的事情，还能为你一天中的各项事务腾出合适的时间。下面可以看看我是如何安排的。

照顾好自己

我把每天清晨的时光都留给自己用于自我成长、锻炼、祈祷和冥想等。投入在这里的时间长短取决于你在渴望和义务两者之间的协调。如果你有孩子，那你空闲的时间肯定比单身人士要少。但不管怎样，重要的是你要有意识地利用好你的时间。

高效工作

我大约上午 9 点到达办公室，下午 6 点左右离开，除去一小时午餐和中午小睡的时间，我一周大概工作 40 小时。从下一章将要介绍的经验中可以看到，一天的安排足以完成我的主要目标和项目，工作日的每一项工作从什么时间开始、在什么时间结束是需要限定的，这是提高生产力的基础。我们从帕金森定律（Parkinson's Law）[一]中得知：只要还有时间，工作就会不断扩展，直到用完所有的时间。这给予我们的教训是：我们必须限制这种情况的发生，否则越来越多的事情便会侵蚀我们的清晨和夜晚。突然间，你会开始不吃早餐，或是晚上 7:30 在办公桌前吃外卖。但正如研究表明的，加班加点换不来应得的回报。

恢复活力

我预留一天中最后的几个小时用来恢复精力，包括和家人、朋友或自己的爱好待在一起。除非你安排时间用来恢

[一] 帕金森定律：是由英国历史学家、政治学家西里尔·诺斯古德·帕金森在对组织机构的无效活动进行调查和分析后提出的关于组织机构臃肿低效、工作时间和工作量增加的形成原因的定律，亦称“官场病”或“组织麻痹病”，该定律对建立学习型组织、透明的人才选拔、培养机制等方面影响重大。——译者注

复，否则你不可能把最佳的状态延续到一天的结束。

你可以设定超过三个适合自己的分类方法，只要真有帮助就行。关键是：一，让你的每一天结构清晰，严格遵循开始和结束的时间设定，对自己一整天将要做什么了然于心。二，按照主题来安排一天可以让你自由专注于当下，全神贯注在需要你关注的人和事上。三，自然而然地为工作和娱乐留出时间。四，也可以什么都不做，这是回报最高的方式，有意识地休息和放松是高绩效的关键。

设计活动

一旦确定了场景和主题，就可以适时地将个体的活动归类到所属的主题上了。正如我之前提到的，周一和周五是我用于处理幕后事务的时间，也就是开会、开会、开会。通过锁定好会议安排，我得以把周二到周四的时间都预留用于处理我台前的工作。

你的幕后工作可能需要更多的时间来应对任务的多样性。但是，通过我的客户我发现，如果你有意识尽可能以批量处理的方式工作，那么准确花费多少时间和任务多样性之间没有必然的联系。无论是处理报告、打电话，还是准备幻灯片，当你检查任务清单时，相对于把注意力在各项事务间频繁转移，批量处理相似的日常任务可以帮助你最大限度地发挥动力。每一次在邮件、电话、开会之间的切换都是在拖慢你的速度。所以用于幕后工作的那几天，需明确什么时间用来开会，什么时间用来回复电话等。

我在周二、周三和周四处理的具体事项，会根据任务的进行及项目周期每周有所调整，但我总会尽我所能地将它们归类，我的秘诀是避免在台前时间做本该在幕后做的工作。实操要比听上去难很多，因为在现实中，哪怕缩减到只是检查邮件，人们还是每天都要做一些幕后的工作。解决的方法是计划好，不要让它侵占你的台前时间。

不管是台前还是幕后的工作，我每天都会以固定仪式开始和结束我的一天，这些固定仪式包括一些台前和幕后的混合任务，如查看邮件和聊天平台上的留言。将这些活动固定在每日仪式中，确保它们在日程表上仅出现两到三次，是防止它们蔓延的好方法。否则，我可能忍不住时不时地要查看聊天软件，让自己一天中最有价值的几个小时暴露在充满干扰的世界里。每个工作日的开始和结束都是处理邮件的黄金时间，可以让你的每天以赢得先机开始，以休息前关闭所有事项结束。如果你的团队需要你即时反馈，你可以在午餐前再设定一个固定检查收件箱的时间。

当涉及日程安排时，要抵御住认为自己无须休息的诱惑。不休息是可能的，但毫无帮助。亚历克斯·苏荣金·庞（Alex Songjung-Kim Pang）在他的《休息》（*Rest*）一书中指出，我们每天生产力最高的时间应该有 4～5 个小时。他的结论是基于对顶尖科学家、艺术家、作家、音乐家和其他人工作习惯的深入研究，以及一些更大规模的研究得到的。正如你现在可能已经猜到的，工作时间长意味着工作效率低。究其原因，我们也已经知道，因为时间是固定的，但能量是有弹性的，我们在能量减弱前只能维持一段时间的专注力。他所研究的那些有着显著的成就和有影响力的人，他们的优异表现往往是在散步、休息、社交，甚至玩耍时突然迸发的。

为了更好地完成设计，值得了解自己的时间精力走向。丹尼尔·H. 平克（Daniel H. Pink）在他的《时机管理》（*When*）一书中，推介了他所谓的“日常生活的隐秘模式”。每天早上我们都充满活力、精神抖擞地开始一天的工作，但通常在7个小时后，我们的精力就会跌入低谷。对大多数人来说，基于早上起床的时间推算，中午的时间是一天中的低谷期。在精力低谷期最好做些对注意力要求不高的工作；当然，低谷期也是用于休息甚至小憩的最佳时段，可很好地抵抗昏沉及恢复精力。

一旦你完成了“你的理想周”的初步规划，你要做的最后一件事就是有选择性地与团队成员分享，尤其是你的行政助理，这样他就会知道你什么时间在干什么事；把行程分享给你的上级主管也很有帮助，既然“理想周”影响的不仅仅是工作日，你也可以和你的配偶或其他亲近的人分享，告诉他们“理想周”是什么，你会从中得到什么，又会给他们带来什么好处，你需要得到他们的赞同与配合，令其更加奏效。

掌控生产力的节奏

在本章开始时，我们引用了切斯特菲尔德勋爵（Lord Chesterfield）告诫他儿子的话，他以全神贯注的专注力来衡量一个人的智力水平，他说："对一个目标坚定而不分散的专注力是一个卓越天才的明显标志。"我不知道到目前为止，我是否可以这样说："批量集中处理"和规划"你的理想周"将引领你进入天才的行列，但我可以确信：这一定是一个伟大的开始。

注意力分散会降低你的生产力、创造力、动力和满足感。整合活动以及专注本身提供了很好的方法，即通过练习"批量集中处理"和有意识地构建你的"理想周"，有助于你创造时间和空间来实现那些看起来遥不可及的目标。这无关天才的智力水平，而是任何人都可以驾驭的两种强大力量：专注力和意图性。

时刻记住，"你的理想周"是"理想的"规划，它不会每周都按部就班地实现，事实上，也许在很多周都不会实现。生活充满了突发事件和意外冒险，尤其对那些追求高成就的人士而言。当紧急情况出现时，你需要洞见症结、直指关键。"理想周"的规划将帮助你不至于在过程中迷失方向，让你清楚知道如何回到正轨，因为你已经提前做出了计划。

也就是说，一旦你设定了严格的界限，并迫使自己停留其中一段时间，你会惊奇地发现，不管发生什么，你都可以不疾不徐地按照每周节奏去做。你可以将“你的理想周”想象成一个目标，你也许不能每次击中靶心，但一旦你的目标明确，射中的次数就会增多，假以时日，你便可以让“你的理想周”来牵引你的工作方向，令自己变得更专注、更有效率。

如何在颠簸的道路上行进又不会偏离目标呢？答案可在“每周预览”中去找。我们即将在下一章中展开详细讨论，同时还会介绍一个简单的每天活动的设计方法。

计划“你的理想周”

你所做的详细计划到了付诸行动的时候了。在FreeToFocus.com/tools下载“你的理想周”模板，或选择使用“**完全专注计划表**”（Full Focus Planner）中的工具。在本章中我们详细回顾了“你的理想周”的计划过程，我敢打赌你们中已经有人开始实施了。如果你还没有完成，请确保在继续阅读下一章节前完成“你的理想周”规划，这是接下来你要使用的框架，能使你前所未有地专注在每周和每天的计划任务中。

第 8 章

设计
优先重要的任务

如果自己不能安排生活的优先次序，就只能任由别人替你安排。

——格雷戈·麦吉沃恩（Greg McKeown），《精要主义》一书作者

在美国，我们头顶任何时候都可能有 5 000 架飞机飞过，一天下来，超过 4 万架飞机在空中飞行。空中交通管制员负责确保每架飞机降落的时间和地点精确无误，不会撞到地面将要起飞的飞机。做到这点比听上去要困难多了，一位空管员讲述了一次性追踪 30 架飞机的难度："就像和 10 个人对打乒乓球。"时不时，飞机间隔就会靠得太近。一位飞行员抱怨 NASA 的航空安全报告系统："我们太过接近前面的飞机了，所以不得不在滑翔道上盘旋，以避免两架飞机间产生气流影响。他们明明知道跑道上还有一架飞机，但总是在我们降落前的一刻才指挥它起飞。"

空管人员把这个现象称为“飞行间距不足”。虽然这种情况想想都觉得可怕，但却很少发生，碰撞更是极其罕见。不过，如果以此与另一种繁忙状况——任务列表相比，它就小巫见大巫了。我们经常会尝试同时完成12项任务，造成任务之间整天相互干扰与碰撞。我们时常遭受“任务间距不足”的痛苦，最终结果是交付滞后、错误百出，而且会失去对时间和行动的控制力。

即使在删除步骤你已经做了削减，仍然可能发现自己又面临着一个长长的任务和责任列表。忙碌的我们随时都能找出一长串**需要完成**的事情，甚至自己也确信**必须完成**，但这些任务都是一定要立即完成的吗？我相信答案是否定的。你永远不必一次性降落所有的飞机，因为重要的事情并不意味着现在、此刻就重要。当然，不是说要你把所有的任务都往后推，关键是要系统地思考和决定：哪些任务值得你现在关注，哪些可以放在以后，又有哪些根本就不值得你花时间。

在此章节，我们将研究如何规划你每周和每日的工作安排，即关键任务是什么？何时开始？何地发生？让我们从每周任务规划开始讲起。

设计你的一周："每周预览"

领导者和专业人士很少有必须在一周内就要完成的大计划，他们面临的多是需要几周，甚至几个月才能完成的复杂项目，因此，尽管我们尽了最大努力来保持长期的专注力，但还是相当容易心猿意马。身处碎片化的经济时代，你的注意力在周一可能就已经被撕扯得支离破碎，但直到周四你才意识到自己早已偏离了航道。

好消息是，你可以设计自己的一周以保持主要任务的可见性，并在执行过程中随时回顾进展。诀窍是把你的主要目标分解成可管理的下一步行动，然后，把下一步行动计划在每周活动中，通过辨识三个你要达成的关键结果，来衡量你的主要目标是否取得了你期望的进展。这三个结果一步一步向前推进，以确保主要目标得以达成。我之所以涉及这个部分，是因为它和我的另一本书《最好的一年》（*Your Best Year Ever*）中的目标管理一脉相承。现在，让我详细解释。

"每周预览"包含六个步骤，这是使你能够持续跟踪所有悬而未决的任务，并建立时间控制感的六个步骤。你可以在任何时候完成"每周预览"，关键是你必须去做。就我而言，有几个适合于我的最好的时间段，分别是周五下午结束了一周的工作后、星期天晚上新一周开始之前，或者周一早上一周的第一件事开始时。我自己更喜欢的是周日晚上——除了偶尔突然出现的紧急情况外。目前为止，仅有一次例外，它发生在我进行第3章和第7章中提到过的恢复活力的断电练习时。你可以选择一个最适合你的时间，把它作为一个例行事宜安排在你的日历上，并信守对自己的承诺。开始时，可以安排30分钟，一旦形成习惯，你会发现只要10～15分钟你就能够完成，但这也需基于每个人的特点和工作特质而定。

设计“每周预览”的过程是很好的机会，将你从“与10人对打乒乓球”的混乱中解脱出来，使任务与行动有效统一，完全契合你的时间表和工作职责，是你掌控项目和任务的关键。成功的一周是指，你知道你完成了一周内你能把控的所有事情，在你的重大目标和项目上取得了突破和进展，让你的同事、客户、家人和你自己都对结果满意。你的“每周预览”应该最清楚你是如何达成这些目标的，这也确保你在未来的一周有更好的表现。下面，我们来详细介绍这六个步骤。

第一步：列出你最大的成就。在“每周预览”中，你要做的第一件事就是花点时间回顾过去一周你所取得的最大成就。列出你最重要的成果，你最引以为傲、对你生活和工作影响最大的事情。这一步你必须有意为之，即便一开始你可能会感觉不自在。很多高成就人士惯常把关注点放在他们的缺点——**没有**完成的事情——而不是他们的成功上，但这种错误的专注会扼杀你的自信。所以，请专注于产生感激、兴奋和个人效能的你所取得的成就上，在接下来的一周更加精力充沛地处理重要工作。

第二步：回顾前一周。接下来，做个小的事后回顾。仔细回顾前一周的经历，回顾你学到的教训，并做出在不久的将来能看到进步的调整。

这一步，有三个问题需要你回答：

首先，**你的主要任务比前一周进展了多少？**（稍后会详细介绍“每周 3 大任务”）这是你进行诚实的自我反省的机会。评估你在前一周工作中的主要计划，你都完成了吗？还有哪些工作要做？（顺便说一下，即使没有达到目标，也要对自己取得的进步给予一定的肯定。高成就人士总是对自己过于苛刻，为没有完成设定的每件事而自责，剥夺享受已经取得成果的快乐。）回答这个问题很重要，因为它与下一个问题相关。

其次，**什么行动是有效的，什么又是无效的**？有没有你没有预计到的打断或干扰因素？导致你被打断和干扰的事情是什么？谁导致了它们？你能避免它们吗？当时你的计划是什么？计划有帮助吗？你的时间预算做得好吗？这些追问的目的是厘清哪些策略或方法是有效的，然后找出所有行为或计划中的错误，以帮助你在下周提升表现。

再次，也是最后，**基于你刚才的确认，什么是你会继续、改进、开始或停止的行动**？这一步骤是要把你的经验教训转化为可供借鉴和实操的要点，也是在给自己真正成长的机会。未来你将如何调整你的行为或计划？唯有那些能从自身经历中学习，并利用教训在自我行为上做出积极改变的人才会获得更快的进步。但很少有人愿意花时间去回顾，所以如果你做到了，你便能从人群中脱颖而出。

第三步：回顾你的任务清单和笔记。我们的任务清单和笔记即使只经过短短一周也会像野草一样疯长，所以，进行快速回顾避免失控很重要。我建议从你推迟的、那些需要你日后有意识安排的任务开始做任务清单回顾。如果你使用项目管理工具，可用该工具进行状态更新和未来计划。此外，我建议你将任务列表归置在一个地方（最多两个地方）：例如 Nozbe 或 Todoist 这样的数字解决方案，或你的日历、纸质的计划本上，整合你的任务列表使自己更加容易跟踪项目。你的任务和笔记存放的地方越多，丢失的可能性就越大。

接下来，回顾授权任务。这些是你已经交给其他人的任务，利用这一步，让那些授权出去的项目回到你的雷达显示屏上，如果有必要的话，跟进该项目负责人。

现在浏览你一周的笔记。这些笔记可能包括你对一天工作的评价，在会议时的观察，对未来的设想，或者是对你本周正在做的事情的相关洞察。

那些能够从过往经验教训中学习，
并在行为上做出积极改变的人，
将获得快速成长。

金玉良言：勿让灵光一闪而过，勿使要务最终错过。为了防止遗漏关键任务，你可以利用回顾的时间做好以下四件事：

清除：如果一项任务已不再相关，就将其删除。

规划：如果你打算稍后解决一些问题，把它们记在你的日程表上。按照“你的理想周”工具，尽可能多地一次性处理同类任务。

优先：如果你知道这周你有一项重要任务需要处理，但没有想好放到哪天去完成，那就优先处理。把它添加到你本周的优先任务列表上，我称其为“每周3大任务”。（稍安毋躁，稍后详述。）

推迟：如果这是一个你仍然想做，但本周肯定没时间完成的任务，你可以把它留在清单上。然后把它放在一边，下次回顾时再去考虑。

第四步：检查目标、项目、活动、会议和截止日期。失去对最重要的目标和项目的可见性是导致人们犯错的主要原因之一。日常工作的混乱、忙碌往往会淹没最重要的目标和任务，这也是较早前提到过的我的客户蕾内所面临的挑战。“我从事的是航空行业，所以这更加讽刺。”她自嘲说，“从事航空行业，应该考虑的似乎都是海拔3万英尺、4万英尺、甚至5万英尺之上的事情。而我却一直被困在地面的杂草丛里，实则是一叶障目，不见泰山。”不幸的是，混乱与忙碌让蕾内的工作与生活在大多时候都处于疲于奔命的状态。

“每周预览”的过程能够有效解决这类问题，提高你在工作中的优势。回顾你正在努力达成的目标，使之与你的关键动机重新关联；同时，明确下一周你为实现目标将采取的步骤；以及，利用预览时间来检查重要的项目和交付的成果，确定哪些任务是你必须做的，哪些是你能够做的。

现在，查看下一周的日程表（或者是接下来几周的日程，这取决于事务的多少），这是非常好的机会，我们能明确要为下周的工作做哪些准备，授权哪些任务，或在新一周开始之前为前期工作收尾。你不能同时让两架飞机降落在同一条跑道上，所以需根据新任务发生的日期，及待完成任务的截止日期来进行有序安排。检查即将到来的会议也非常重要，如果你需要重新安排或取消会议，越早通知越早安排越好。

第五步：制订“每周 3 大任务”。重新回顾了你所有的目标、项目、截止日期以及其他关键节点后，就可以开始积极主动地建立你的“每周 3 大任务”了。3 大任务意味着下一周你要完成的 3 件最重要的事情，这样你才能在你的主要目标和项目上取得进展。我当然知道一周内你还有很多事情需要完成，但马拉松也是一步一个脚印才能跑完的。

那么如何决定“每周 3 大任务”呢？一个有用的工具就是“时间管理矩阵”。该工具历时已久，由艾森豪威尔首创，经斯蒂芬·科维（Stephen Covey）推广普及。这是个简单的二分矩阵，分为四个象限，其中横轴代表紧急程度，纵轴代表重要性。

象限1表示既重要又紧急的任务。很明显，这些事情应该首先占用你的时间，并且优先于其他任何事情。我需要特别指出，重要和紧急是对你个人而言的。我们经常被拉入不是对自己而是对别人重要和紧急的任务中。想想你的季度目标，离任务完成还剩下多少时间？还有你关键项目的重要截止日期？位列象限1的项目应该是你“每周3大任务”的首要任务。

时间管理矩阵

	紧急	不紧急
重要	1	2
不重要	3	4

设计你的一天时应遵循这个逻辑：优先象限1和2的任务，明确象限3的任务（有哪些我是可以授权出去的?），然后，删除象限4的所有任务。

象限2指的是重要但不紧急的任务。它们很容易被推迟，所以要非常小心！象限2的任务因为不紧急，常常被忽略。就像盘旋的飞机会耗尽汽油，我们要么制造紧急状况，要么错失良机——或者两者兼而有之。当你确定了象限 2 的任务后，也需要马上着手去做。

象限 3 是紧急但不重要的任务。这个象限往往意味着对他人来说时间性和重要性都很强，但不一定必须由你来做的任务。这是我们很多人每周容易犯错搁浅的地方，如果稍不留意，你的优先级就会被别人的优先级所取代，从而破坏自己的效率，阻碍你朝着关键目标和重大项目前进。请以你自己为例，通过询问下面三个关键问题来评估象限 3 的项目：

——如果你的回答是“是”，是否会将象限 1 或象限 2 的项目置于危险境地？

——为了配合象限 3 的新请求，你愿意做出哪些权衡？换句话说，为了答应这个请求，你是不是必须对别的事情说“不”？

——如果你同意做象限 3 的事情，最终会抱怨自己的参与或者责怪另一个人吗？

如果你回答了这三个问题，仍然觉得在清单上给别人留点空间是个好主意，那就去做。不过，切记不要混淆紧急与重要的定义。

象限 4 表示对你来说既不紧急也不重要的任务。象限 4 的项目永远不应该出现在我们的日历或任务列表中。但它们现在还依然占据着我们的清单，不是吗？我认为原因通常可归结为以下三个因素之一：第一，**混乱**。我们不愿停下脚步来评估活动或任务，总是不假思索地就跳出去，最后掉进兔子洞里。第二，**内疚**。即使知道那不应该是自己的责任，还是觉得要由自己来完成，是我们自己让内疚感凌驾于更好的判断之上了。最后，**害怕错过**。我们害怕因拒绝丧失了新的机会——不管它们对我们是否有意义。

当你制订自己的“每周 3 大任务”时，不要让别人的优先级挤占你自己的优先级。如果你真的想集中精力，就需要设定一个目标，把 95% 的时间花在象限 1 和象限 2 的行动上，现在你也许觉得这不太可能，但事实是本该如此。所以，在建立自己的任务清单时，先回答如下两个问题：

- 这件事（对我）重要吗？
- 这件事（对我）紧急吗？

这两个小问题的答案将帮助你建立优先安排任务的框架，并最终确保你获得时间上的自由。对蕾内来说这就是重大的改变。“我的生活被我的收件箱，而不是我的目标所驱动，让我感到一片混乱，一天结束时我就感觉好像什么都没有完成。”“作为公司创始人，虽羞于启齿，但过去就是这样，早上起床我实在不想去工作。现在，通过本书的学习、掌握，让我知道如何制订对自己来说最重要的任务清单，而顺利完成它们又给了我更多的空间和精力来做其他的事情，正是这样的循环让我周围的世界都因此改变。”

第六步：规划恢复活力的时间。第 3 章我们详细介绍过这一点，在第 7 章讨论“你的理想周”时也提到过它，“每周预览”环节将再次涉及恢复活力的重要性。还记得 7 个恢复活力的方法吗？睡眠、饮食、运动、社交、玩耍、反思和断电。现在花点时间把它们安排进你的夜晚和周末，或者你为恢复活力预留的任何时间里。如果你还举棋不定，可以像许多高成就人士所做的那样，先来快速回顾这 7 个方法：

睡眠：你每晚想睡多长时间？你必须在什么时候上床以确保睡眠充足？你希望打个盹吗？

饮食：你有任何想去的餐厅或想做的菜吗？（可以结合社交活动来设计）

运动：你想在空闲时间锻炼身体吗？你想尝试一些不同于平时锻炼的运动吗？

社交：休息的时候，你想和谁一起度过？你的优质时间是什么样的？你们可以一起做什么活动来加强彼此之间的联系？

玩耍：你打算在空闲时间做些什么？有什么爱好是你想追求的，有什么游戏是你想玩的，有什么电影是你想看的？

反思：你将如何使你的头脑和心灵恢复活力？读一本书？写日记？去散步？参加某些仪式？

断电：你会采取什么步骤确保自己真正被隔离？例如，

> 把手机放在抽屉里，从工作应用程序上下线，不去思考、谈论或阅读有关工作的内容？

如果没有计划，我们很容易在谢幕后的时间里不停切换。但就算有计划（如恢复活力），又怎样才能做到呢？我的客户马特在开始寻求生产力提升时，他所谓的工作效率就是在更短的时间内完成更多的事情。学习使用“自由罗盘”和授权理论等方法后，他终于能够完全退居幕后。他说：“过去，我每天早上6点就到办公室，工作到下午5点或5点半，周六早上7点到中午12点或下午1点用来做总结。”在服务行业，马特要接受更多的随时被打断或干扰的挑战，他只好利用星期六的早晨把中断的工作补回去。其实，和职业无关，我们中的许多人都面临着这样的诱惑：如果一周的工作落后了，就利用休息时间来回补。

现在马特将其所学应用到工作中。“每周都有几天我不会去办公室。我远离公司，关掉手机上的邮件程序，一整天不查看邮件，以便集中精力完成我最重要的工作。这样做之后，我对自己想做的事情更加明确，周六也不用再去工作，有了更多的时间和家人在一起，或做我喜欢做的事情。当我工作时我就全身心地工作，当我在家时我就全然地放松。**努力工作，尽情玩耍**，把两者分开，让两者各有区间，各得其所。”

“每周预览”过程不会花很长时间。正如我上面提到的，一旦你掌握了节奏，你就能在 10 到 15 分钟内完成。在我自己的“**完全专注计划表**”中包含了一个简单的表单，以使预览过程更加快速有效。接下来的章节让我们来规划任务启动的时间和地点，有几个因素需要考虑，但这也同样是个快速的过程。

设计你的一天：“每天 3 大任务”

伟大的日子不会凭空而来，它们都是有**成因**的。过去的很多年里，我每天去办公室却没有真正的计划，只是被动应对事情的发生，或者让任何会议请求或突然出现的打扰占据我的一整天时间。如果你的每天也这样过，就注定会失败，因为你非但没有去控制局面，反而将控制权**拱手相让**给你身边的每一个人。你的计划不能任由他人控制，不能永远完不成对你重要的事情，你需要按照你的重要目标和优先顺序来设计自己的一天。

我们大多数人的工作日都被两种事务充斥：各种会议和各种任务。这两种事务的组合因工作分工不同而有所差异。其实，每一天之所以看上去有差异，是由我们做的是台前还是幕后的工作来决定的（见第 7 章）。

各种会议代表的是非自由支配时间，这意味着很大程度上这一天是一成不变的。当然，你可以取消会议或为自己找个借口，但在最后一刻退出会议，这将使你付出人际关系方面的代价，危及声誉。同时，对其他可能已经花了数小时来准备会议的与会者也会造成极大的伤害。这就是为什么在你的“每周预览”中涵盖会议至关重要，如果你接受了一个会议，并把它列入你当天的计划中，那么你唯一的选择就是出席并投入其中。偶尔，我也会有那么几天因不间断的会议而没有时间完成其他任务，你可能也一样。但是，我能预见那些日子，所以那几天我是不会做完成重要任务的计划的。反之，我会做出这样的设计：计划出几天时间只专注于重要任务，并拒绝在那几天提出的任何会议请求。这是非常重要的一步，即你知道你需要一些不受打扰、深度工作的时间。让“你的理想周”来指导你制订计划吧。

至于任务项，我每天只盯着 3 大关键任务，仅仅是 3 个，我把这称为我的“每天 3 大任务”。现在，我猜想你可能会觉得，这听起来不可能（甚至这不是你需要的），请暂时别做判断。但如果你能这样做，将彻底改变你的工作、你的生产力，以及你工作和家庭生活的整体满意度。

大多数专业人士会列出一长串要做的事情、要开的会议、要沟通的人、要完成的项目等作为每天的开始，很多人也会因试图一次性解决太多问题而导致失败。每天有 10 ~ 20 件事情要完成的情况司空见惯，但这正是令人失望的地方。即使他们完成了其中的 5、6 件，也会觉得自己是个失败者，因为还有很多事情没有完成。

斯蒂芬是前面我介绍过的一位教练客户，他过去每天工作 12 小时，每周工作 5 天，有时甚至更多。他告诉我：“每天早上 6 点到晚上 6 点是我的工作时间，即使工作了这么多小时，也无法完成所有想做的事情，压力很大。我做了很多我认为不应该做的事情，这让我越来越沮丧，甚至在工作时间之余，心里仍然会惦记着那些未能完成的工作。”工作时间过长和精神枯竭让他和妻子、女儿在一起的时间（无论是质量还是数量）不断减少。

斯蒂芬当时唯一的解决办法就是更加努力地工作。“我一直在努力、努力、努力，我想，**最终我会成功的，最终我将开始减少工作**。”但是请记住第 2 章中的思维成见：“加班是临时的”是我们用来安慰自己长期加班的说辞。如果你想停止长期的过度工作，那就必须做出改变：优先完成 3 项任务，而且只完成 3 项。

我发现帕累托原理（Pareto Principle）很适用。根据 80/20 原则，大约 80% 的结果产生自 20% 的行动。根据我的经验，一般人在任何时候都有 12 ~ 18 项任务清单，为了便于分析，让我们定义为 15 项。如果运用80/20原则，只有 3 项任务是重要的，想象一下哪些任务可以让你仅付出 20% 的行动却能带来 80% 的结果，那就是你的 3 大任务。

如何选择你的“每天 3 大任务”呢？首先，参考你的“每周 3 大任务”。记住，这是让你的目标和项目取得进展的每周必须产出结果的 3 大任务。让你每周的重要任务引导你每天的重要任务，这些任务首先应该都位于你的渴望区，并会出现在时间管理矩阵的象限 1 或象限 2 中。记住你的“每周 3 大任务”，从渴望区开始行动，然后转到象限 1 的任务（重要和紧急），最后转到象限 2 的任务（重要和不紧急）。当然，除此之外，你还会有其他的请求和其他必须要处理的事务，这也需要遵循优先级矩阵。如果你不这样做，你的一天就会被象限 3 的任务压得喘不过气来。

现在，你也许会觉得这样的规划硬性死板，但它不仅能迫使你把精力聚焦在最重要的事情上，还能让你避免压力过大，为什么？因为你不再有一长串完不成的事情。（如果一开始就知道自己不会赢，谁还会全力以赴？）这不但能减压，甚至还有九成胜算。在一天结束时清单上所有的事情都能被你划掉，这是多棒的感觉？当你遵循这一模式时，你会发现，你每天的时间将只花在处理最重要的任务上。

> 如果你想自由专注，优先 3 件事，仅限于 3 件最重要的事。

在整个工作日只列出 3 项任务似乎是逃避责任，但所需的自律和努力却超出你的想象。从 12 件事中找出最值得专注的 3 件是需要额外付出的，相反，计划一打不同的任务是一种懒惰的表现，恰恰是这样的清单让你的一整天为之忙碌却无所作为。如果你认为一天只完成 3 项任务不足以赢得长期的成功，那么考虑一年的长期影响：假如你每周工作 5 天，每年休假 25 天，除去节假日和病假，你一年有 235 天的工作时间。如果每个工作日你都能完成 3 个高杠杆收益任务，那么你的年终记录将会是 705 项重要任务的达成。能想象你在一年内完成 705 项重要的、在你渴望区的任务对你的业务产生的影响吗？

波士顿啤酒公司（Boston Beer Company）创始人塞缪尔·亚当斯（Samuel Adams）的酿酒商吉姆·科赫（Jim Koch）就基于这一简单的原则建立了自己价值 15 亿美元的企业。在《快公司》（*Fast Company*）杂志中，科赫描述他典型一天的工作时说："每天早上，我都会把当天必须做的 3 到 5 件事写在便签上，并持续跟进。这些项目很重要，但不一定很紧急。一旦我的一天开始，我就把清单放在手边作为提醒——让这些事情搁置或推迟到另一天很容易，但我视其为我的优先事项，并在每天结束前把它们从我的清单上划掉。"

"每天 3 大任务"不仅适用于饮料行业。营业额超过 10 亿美元的数据管理公司 Veeam Software 的联合创始人拉特米尔·蒂玛舍夫（Ratmir Timashev）也有一个尽可能短的任务清单。他说："我的待办事项清单永无止境，所以对我来说，分清轻重缓急很重要。通常情况下，我会每天列出当天要做的 3 件最重要的事情，这真的让我的一天更容易管理。作为一个早起的人，我倾向于在中午之前就完成这些事项，这样我就有时间处理白天出现的其他紧急事务了。"

斯蒂芬也有同样的经历，由于专注于有限数量的任务，斯蒂芬虽然最多只工作半天，而且每天下午 4 点左右就会回家陪伴女儿们，但事业却得到了蓬勃的发展。我在第6章介绍过的我的客户迦勒也是一样。他对我说："我被压力压得喘不过气来。我总是有更多的事情要做，在新的一天开始之前，我已感到不知所措。我想，**我永远也不会只把任务清单定格在3项上，我一天起码有20件事情要做！**"其实，直到开始真正重视渴望区的工作，并尽可能多地删除、自动化和授权任务前，我们大多数人就像迦勒那样，为此付出巨大的代价。"现在，很多时候，我都能把我的3大任务描述清楚。我已经有了一个团队，我可以把其他工作委派给他们，我只专注于这3大任务，这还真的很有帮助。"

通过只专注于3个关键任务，迦勒感到他的控制感明显增强了，工作不再充满压力。"这让我获得了平静，我想不出比'平静'更好的词了，平静能将更多的能量带入你的工作中。"此外，因为他规划了能够令他获胜的游戏规则——只需完成3个关键任务，而不是20个随机的、耗费精力的任务——在一天结束时他对取得的进展也相当满意。"我是从一个美好的地方回家的，因为我履行了所有的承诺，我赢了。"

我在第2章中介绍的玛丽尔，也提到了规划为她的一天带来的平静。"过去，每天早上醒来，我都为那天要做的所有事情感到恐慌。而现在，我成为一个更平静、更平和的人，利用我所学到的体系和工具，我清楚我能完成清单上的什么任务，知道自己做到的每个点滴都是在朝着既定目标前进，这样我就会带着满足向一天告别。”玛丽尔也把这套体系推广给她的整个团队，一切都因此变得不同了。“我们一直在讲一个笑话：真不知以前我们是怎么工作的。”

你可以像科赫那样，把你的“每天 3 大任务”记在一张便条上，或记事本上，或者 Nozbe 这样的任务管理系统上。如果你对如何规划你的一天还无头绪，那么“**完全专注计划表**”中的日程页可以帮到你，这是我目前在用的。无论你在哪里保存你的 3 大任务，重要的是把自己释放出来，只专注在最值得优先去做的事情上。

为你的时间设定边界

生活在耶稣时代的罗马哲学家塞内加（Seneca），就我们共同面临的挑战曾写道：“不是我们的生命短暂，而是我们浪费了很多时间。”他说：“生命可以是漫长的，如果你知道如何利用它。”

我们在这个问题上已经纠结了两千年，甚至可能还要纠结更久。我们随意浪费时间，任由生命虚度。塞内加说：“人们不会让任何人掠夺自己的财产，然而他们却可以任由他人侵占自己的生命！人们在谈到个人财产时锱铢必较，但挥霍本该吝啬的时间却出手阔绰。”

“生命可以是漫长的，如果你知道如何利用它。”

——塞内加（Seneca）

困难在于时间是无形的，未来的界限也不固定。解决之道是在每周日程表和每天日程表上规划出我们要做什么及何时去做。“每周预览”“每周 3 大任务”“每天 3 大任务”将确保所有潜在任务对我们持续可见，同时也对时间的运用设定了严格的界限。如果你完成了这样的规划，就将保证你的时间不被打扰，这是抵御时间强盗入侵的一大进步。

现在你已经建立了一个防御体系，接下来，让我们把注意力转移到进攻上，这将是在第 9 章中我们要去做的。

设计你的每周和每天

使用本章的指导方法，现在就着手进行第一次的“每周预览”，包括“每周 3 大任务”的设计，即使此刻已处在一周的中段也不用焦虑。你可以在 FreeToFocus. com/tools 下载，也可以在“**完全专注计划表**”中找到“每周预览”表。下载后，以周为单位重新调整每周预览和每周任务。

接下来，基于“每周 3 大任务”来构建你的“每天 3 大任务”，明确你今天必须交付的 3 个最优先事件，并确保在你的日程表上有足够的时间去完成它们。我已经把“每天 3 大任务”设计在“**完全专注计划表**”

中，你还可以在FreeToFocus. com/tools上看到案例。在接下来的几个星期里，承诺坚持每天选择3大任务进行练习，3周后，你应该就能看到45件高杠杆收益的任务已经完成，看到你和你的事业高歌猛进、向前发展。

第9章

主动
避免打断和干扰

我的经历只是我同意做的事情。

——威廉·詹姆斯（William James），美国心理学之父

古怪的杂志出版商、发明家雨果·根斯巴克（Hugo Gernsback）遇到了麻烦。即使在1925年，工作场所也有很多让人分心的事情打扰工作的进展。为了解决这个问题，他发明了一种叫作隔离器的新装置，类似于潜水员的大型头盔，这种隔离器可以阻挡办公室设备的咔嗒声、电话、门铃声，以及同事们的闲聊声。通过两个小孔，人们可以专注投入在眼前的事情上，直到头盔内的氧气用完。

自有办公室起，干扰就一直不断。1925年，发明家雨果·根斯巴克发明了一种解决方案：隔离器！这东西挺好用的，除非氧气耗尽。

但即使像根斯巴克那样拥有超前思维的人，也会被今天各种信息和各种植入广告的狂轰滥炸弄得束手无措。社交媒体、短信、应用通知、会议请求、固定电话、移动电话，以及我们无法处理的环境噪音，开放式办公室和隔间的发展趋势令情况更加恶劣，我们本来预期会得到的易于协同以及节省办公空间等收益，却以失去专注为代价，让人们变得心不在焉。于是整个行业都兴起了正念实践，它的意思是屏蔽掉一切干扰，只让自己关注当下，但这显然是知易行难。

注意力分散的经济危害莫过于，它会把我们的注意力从今天应该完成的最重要的事情上移开，我们称之为“注意力分散的代价”。在今天这个碎片化时代，专注无论对我们自己还是对他人都无比珍贵。每一个致人分心的提醒、吸引注意力的通知，都在把专注的价值从我们自身转移给他人，例如同事或广告商。不幸的是，很多时候我们不知其害，反而乐在其中。

当然，真正紧急的情况肯定存在。但我们处理的大多数突发事件都是琐碎且不重要的。而且，即便它们确实重要，如果知道如何处理，干扰也会减少。唯有当我们把注意力集中在最重要的项目和任务上时，才能抵抗干扰和分心，让一天按照既定的轨迹前行。本章，我们将探讨最大限度地减少干扰、提升专注的策略，确保我们的每一天都能如愿地完成所有设定的工作目标。

打断之事：随时入侵

打断是指来自外部的介入打断了你的注意力，如没有预约的拜访、电话、邮件或社交平台的信息，它们会将你从正在做的工作中拖拽出来。这些干扰不仅令人心烦，还像癌细胞一样侵蚀有意义的工作。即使你想尽办法完成任务，这些干扰也会拖慢你的速度，最终令你的努力效果大打折扣。好消息是，你将拥有比你想象的更强大的力量去抵御和减少干扰。以下这两项行动可以帮助你创建一个有效的虚拟隔离器，最大限度地提升你的生产力。

限制即时沟通

随着时间的推移，沟通速度越来越快。我刚开始工作的时候，大部分的书面交流都是通过美国邮政进行的，一封信通常要花好几天，甚至一周才能送到收件人手里。但之后出现了传真、电子邮件、短信和即时通信，虽然手机曾经是唯一的即时通信工具，但现在个人和团队都可以通过群聊平台、Micorosoft Teams 群组聊天软件，以及其他通信工具和协同应用程序进行不间断的实时通信。

我们将速度视同于重要性，由此提高了交流的速度，也增加了被打扰的次数。在一项调查中，四分之一的受访者表示，即使他们正在处理其他事情，在收到即时消息后如不马上回复就会感到压力，这无疑对个人生产力产生了巨大的阻碍。

如果你的注意力不断地在 17 个应用程序、设备提醒、消息、评论、标签或想要的行动间来回切换，你肯定无法长时间深入进行有意义的工作。在 iPhone 问世 5 年后，苹果公司吹嘘其服务器已经发送了超过 7 万亿条推送通知，在那以后的几年里，这一数字只增不减。而且不只是你的手机，你的电脑和智能手表等每一款终端都自带应用程序、小工具和小程序所构成的生态系统，添加了叮叮当当的提醒声，以及吸引眼球的视觉效果。每一个通知都是为利用你的注意力而设计的，让你欲罢不能。惠普公司和伦敦大学的一项研究发现，当我们把注意力转移到来电和短信上时，智商会降低 10%，这是吸食大麻所造成的影响的两倍。虽然它不会永久性地损害你的认知功能，但它会让你“暂时变笨”——神经心理学家弗里德里克·法布里修斯（Friederike Fabritius）和领导力专家汉斯·哈格曼（Hans Hagemann）如是说。

解决干扰入侵唯一的方法就是尽可能地选择延迟沟通。除非你在客户服务岗位上工作，必须“一直在线”，否则你每天检查邮件或聊天软件留言的次数不应超过两到三次，除非你是在利用这些应用程序积极地从事高杠杆收益的项目，比如你的“每天 3 件大事”。我建议在设计“你的理想周”时，像每天开始和结束时的固定仪式那样，为延迟沟通也留出专门时间。

	即时	延迟
回应预期	你的回应已经迟了	你方便时回应
集中注意力的影响	你破坏了你的注意力	你保持了专注力
沟通深度	因紧急而草草回应	时间允许深度回应
上瘾的风险	多巴胺分泌，增强强迫性参与	没有分泌多巴胺，没有成瘾行为

关闭通知是限制即时沟通的关键所在。我发现，最好从关掉所有的通知开始，不管是台式机、手机还是其他任何设备的通知功能。然后问问自己：“有没有什么应用程序是必须立即接收通知的?”一旦你决定了哪些（珍贵的少数）应

用程序可以通知你，你就会想要一种最不突兀、最不刺耳的提醒风格。对我来说，最好没有消息需要立即接收，脉冲信号、叮铃声或锁定屏幕通知，这些都不需要。限制通知一个经常被忽视的技巧，是最大限度地利用 iPhone 内置的免打扰功能。

同时，我还建议你删除大部分联系人，特别是那些每天给你发送几十条（或更多）信息的号码，一个技巧就是更换你的手机号码。这并不像听起来那么麻烦，值得为减少干扰而尝试。

接下来，在手机上下载应用程序，让你可以转发文本消息和语音邮件到你的收件箱。然后，你可以像回复电子邮件一样在每天已经锁定的几个时间段内去处理这些信息。你甚至可以设置回复文本，直接发送给对方。

如果你想告诉别人你一天只有几次固定检查短信的时间，你可以在你的电子邮件程序中设置一条自动信息。当你的邮件自动回复消息时，对方将收到文本信息。现在，你能收到的实时短信只会来自你的家人或你的圈内人。

通过限制即时沟通，你会减少及时回应的压力，更加专注和深入地投入你需完成的最重要的任务和项目当中。但此时，你还可以采取进一步行动。

主动设定和加强边界

通过选择延迟沟通，你限制了他人接近你的可能。诀窍是主动告知以设定对方的期望值。告诉相关人员你会离线一段时间以便集中精力，不要等他们来找你的时候再说，你需要提前告知对方。你可以主动给那些需要知道的人发邮件，或者在群聊平台上留言，或是在适当的渠道发布状态更新，如设置邮件自动回复功能。奥利弗·布克曼（Oliver Burkeman）说，收件箱就像一个待办事项清单，世界上所有的人都可以在你的清单上随时增加任务。当你在离线状态而其他人预期你要及时回复时，可以编写自动回复邮件通知对方，重新获得并保持对邮箱的控制权。你甚至也可以在办公室门上挂上“请勿打扰”的牌子。

主动告知他人你方便的时间，能让你拥有不受打扰的主动权。公开办公时间是实现这一目标的方法之一。“敞开大门政策”听起来不错，但如果你不能限制不断的来访，你将永远无法完成任何有意义的工作。设定和宣布工作时间既让你与团队保持联系，也让你对干扰有所防备，确保在锁定的时间段完成重要的工作。

收件箱就像一个待办事项清单，世界上所有的人都可以在你的清单上随时增加任务。

如果老板希望你永远在线该怎么办呢？那你的工作就是要说服老板，为什么你需要专注的时间投入在重要的工作上，以及这对他们实际上意味着什么收益。他们看到的收益越多，你设定边界的自主权就越大。

这里有一个重要的警告就是：如果你自己都没有时间边

界的概念，也别指望别人会尊重你。当有人进犯你的防线时，一定要坚定并守住。如果是个重要的请求，也得把它安排到一个更合适的时间。记住，你的时间是固定的，也是珍贵的，要像保护珍贵资源一样保护它。

干扰之源：自我破坏

如果说打断是一种扰乱我们注意力的**外在**力量的话，那么干扰就是源自**内在**的破坏和摧毁我们专注力的力量。通常我们才是自己最危险的敌人，会干扰自己完成最重要的工作。当我们感到厌烦或遇到特别艰难的工作时，我们会转而用发邮件、发短信、打电话、上网、查看新闻或游览社交媒体等活动来逃避，但每一次当我们想从这些琐碎的活动中转念回来时，我们的大脑已被训练得更加分神，注意力持续的时间更短，专注力更加难以培养。

除去供氧不足，自我干扰就是根斯巴克的隔离器在现实生活中永远无法奏效的原因。正如他所承认的那样："实际上 50% 的时间里，你是你自己的打扰者。"我敢打赌，自我干扰的时间肯定不止这个比例。我们可以抱怨外在所有的噪音和刺激，也可以肩负起改变自己的责任。

破坏专注

多任务处理的核心危害是破坏专注力，它不仅低效，还是对干扰的主动邀请。记者约翰·内尔士（John Naish）引用一项研究发现，当学生尝试在不同任务之间切换时，他们解决复杂问题的速度要慢40%。当然，多任务处理给人感觉上并不慢，实际上，它让人感觉就像在飞一样。这就是为什么我们一直都在这么做的原因之一，但速度的感觉具有欺骗性。内尔士引用了一项研究表明，一心多用者往往成效甚微。

根据纽约大学教授克莱·舍基（Clay Shirky）的研究，多任务处理“提供了情感上的满足”，因为它“把拖延的乐趣转移到了工作之间”，我们把事情丢置在一边，就好像已经做完。比如我们正在起草一封邮件，然后停下来查看推特，然后打开新闻推送，然后去倒杯咖啡，然后回到办公桌上继续，如此这般，我们已经干扰了自己完成邮件起草所需的思路，需要花费更长时间才能重新进入完成最初任务所需的状态。完成其他事情也同样如此，它们只能被部分完成或以碎片化的方式处理。很显然，在回复短信的同时起草一封邮件，会延长起草邮件原本所需时间。

来看看 Salary. com 网站的一项调查，70% 的受访者承认他们每天都在工作中浪费时间，大多数人都是因为上网，其中最吸引人的是社交平台，脸书更是一马当先，不过人们也提到了自己在线购物，浏览旅游、体育和娱乐等网站消耗的时间。有多少次，我们发现自己漫无目的地从一个页面浏览到另一个页面，或者在没有明确目标的情况下在手机上翻看无穷无尽的滚动条？

我听人们开玩笑说社交媒体为一天提供了多次的休息时间，就像人们过去散步或到户外吸烟一样，但这只是它的一方面。社交媒体的可访问性意味着人们无法像往常那样，工作很长一段时间然后休息一会儿。他们在工作期间多次被卡尔·纽波特所说的“快速查看”分散了注意力，与其说是休息，不如说是在破坏注意力。

喜欢做“下山工作”

这在很大程度上与较低的挫折容忍度有关。亚当·加扎利（Adam Gazzaley）和拉里·罗森（Larry Rosen）教授合著的《走神的大脑》（*The Distraction Mind*）一节指出，人类具有寻求关注的天性，当我们感到无聊、焦虑或不舒服时，很容易立刻更换频道，去寻找更有趣的东西。加扎利和罗森引用一项针对斯坦福大学学生所做的研究，在他们的电脑上设置了对全天活动的记录，结果发现学生们很少长时间停留在一个页面上，事实上，他们的注意力平均仅持续约一分钟，其中一半同学仅 19 秒就切换屏幕。

然而，更有趣的是，在切换过程中学生们的大脑中会发生什么呢？当学生转向其他活动的前几秒，传感器探测到的神经激活水平激增，尤其是在他们从写作和研究等困难任务转向社交媒体或 YouTube 等娱乐平台之时。

专业人士也同样尴尬。当我们被困难的任务难住时，很容易向大脑发出休息的指令，转而去做一些轻松愉悦的事情。想象一个斜坡，下山要比上山容易得多。有些工作好比上山（比如财务分析或写作），有些好比下山（比如查看邮件或聊天平台）。“上山工作”通常更能帮助组织驱动结果和创造价值，而“下山工作”对能量要求不高，这就是人们做很多无用功的原因之一，因为更容易几乎是一种自然引力。然而，当我们需要专注于“上山工作”，却被“下山工作”分散注意力时，就需要为低下的生产力付出巨大的代价。

如果你正在处理一项具有挑战性的任务，然后突然停下来查看邮件或聊天平台，那么想回到执行任务最初的状态，就需要付出额外的时间和精力。跳出困难任务容易，但从容易的任务上跳回来却很难，需要付出比在原有困难工作上坚持时更多的精力。这还只是短期的，长期的生产力成本甚至更高。当我们太快、太频繁地放弃艰巨任务时，容易形成这样一种模式：放弃之前，坚持一项困难的任务会变得越来越难。

从“上山工作”切换到“下山工作”（更糟的是像脸书这样非工作任务）时，我们大脑中的多巴胺开始分泌，这对我们的行为是一种愉快的奖励。当我们允许自己从一项困难的任务切换到更容易的任务时，会长舒一口气，这会让我们更难重返原先的任务，让下一次面临困难时更容易放弃。这种潜在的循环，和任何上瘾行为的驱动机制都是一样的，它会逐渐减弱我们注意力的持续时间。事实上，ADD[一]专家爱德华·哈罗威（Edward Hallowell）将这种后天形成的习惯称为自我诱发的注意力缺失症，他说这种现象“无处不在，尤其是在工作中”。

专注的策略

如果我们想获得专注的自由，需要的不是根斯巴克的隔离器，而是帮助我们重新获得、保持并最终重新训练专注力的策略。你已经得到了足够的睡眠（第3章），并且远离了即时沟通，这两点已有所帮助。下面我们再学习一些额外的建议：

利用科技管理科技：如果你使用搜索引擎搜寻“专注应用程序”，你会看到为降低干扰而设计的新一波在线软件应用程序已应运而生。我目前使用的是一款名为Freedom的跨平台和高定制化软件，它允许你在深度工作期间指定哪些应用程序和网站可以访问。

[一] ADD：Attentioon Deficit Disorder，注意力缺失症，即我们所熟知的多动症。是一种常见的精神失调状况，最主要的症状是频繁地、不自觉地走神。——译者注

当我们被困难的任务难住时，
很容易向大脑发出休息的指令，
转而去做一些轻松愉悦的事情。

例如，因为我需要在网上做很多研究，没法离开互联网工作。但是，我可以利用 Freedom 软件，暂时屏蔽脸书、推特、新闻网站和其他当下不需要的嘈杂的应用程序。这是一个很棒的工具，还有其他一些类似的应用程序。使用一段时间后，你会惊讶地发现，你使用手机和电脑的强迫症大幅减少了。

听合适的音乐：当你试图集中注意力时，听音乐可能会适得其反，尤其是当你的大脑专注于更重要的事情时，你需要用精神能量来屏蔽烦人的歌曲，或者需要耗费精力理解歌词，但也有一些有用的方法，让音乐为你的注意力带来好处。

熟悉、重复、相对简单、声音不太大的背景音乐有助于注意力集中。而且有大量证据表明，欢快的古典音乐有助于创造性工作，有些人甚至推荐电子游戏原声。但没有什么是完美或理想的音乐风格，这主要取决于个人偏好。“你喜欢的音乐能增加而不是阻碍你的专注力。”神经学家迪恩·伯内特（Dean Burnett）说。对我而言，巴洛克音乐（如巴赫、亨德尔或泰勒曼的作品）以及某些电影配乐原声都是我喜欢的。音乐也有助于掩盖工作场所的噪音，但你需确保它不会成为自己的干扰。

每当我想远离尘嚣投入到我的工作中去时，我就会去听音乐。Focus@ Will 是一个像潘多拉魔盒一样的在线服务商，它播放的音乐是专门为延长你的专注时间和提高你的专注力而选择的。Focus@ Will 还允许你设置有时间限制的工作时段。

掌控你的环境：让你的工作环境为你工作。如果你觉得工作环境让你分心，那就考虑换个环境，变化环境可以使我们重新充满活力，有利于深度工作。如果你是远程工作者，这很容易做到，但即使是办公室的职员，改变环境也比你想象的要方便。

我曾与一位编辑共事，每当他有马拉松式的编辑任务时，他就会离开办公室，去户外露台找张桌子，或一个空荡的会议室，或者是午餐时间拥挤餐厅里的一个小角落。他无法忍受咖啡馆，但可以在附近的雪茄店里一口气把稿子看完，诀窍在于找到适合你的环境。本杰明·哈迪（Benjamin Hardy）在他的《意志力不管用》（*Willpower Doesn't Work*）一书中提到，有位企业家从未连续两天在同一个地方办公，他有几个不同的工作场所，根据他的“理想周”所需的场地循环使用。

转换场地并不是让工作环境为你工作的唯一方法。另一个方法是为专注工作而优化当前的工作区域。例如，拿掉容易让你分心的小东西，努力美化你的空间。当我们设计迈克尔·海厄特公司（Michael Hyatt & Company）的工作空间时，我们设置了用于深度工作的安静房间，但我们也确保整个办公室在美学上是令人愉悦的。没有人要求我们的员工必须来办公室工作，但整个团队每周都会有一段时间待在那里，因为这是他们提高生产力的最佳场所。

整理你的工作区：研究表明，杂乱无序确实有一些好处，尤其是对创造性的工作，但对专注的执行力却犹如噩梦。普林斯顿神经科学研究所（Princeton Neuroscience Instituie）的研究人员艾琳·杜兰德（Erin Doland）发现："当你的环境杂乱不堪，混乱会制约你专注的能力。同时，杂乱还会限制大脑处理信息的能力，相比身处在整洁、有序、宁静的环境中，杂乱会让你分心，降低处理信息的能力。"

如果你在一个破旧的办公室工作，那就该整理了。我不在乎你有多忙，因为这是一项可以被定义为既紧急又重要的任务。不管你是否意识到，杂乱无章已经在阻碍你前进的道路。我建议你在日程表上专门安排一个时间来整理你的办公室，如果它确实不在你的渴望区，那么你也可以委托他人，最好是真正擅长归类的人来完成。这些时间（如果需要，还有费用）都是必要的投入。

你的数字工作空间也可能杂乱无章。如果你的电脑文件随意摆放，文件夹的结构没有任何逻辑和秩序，那么也要安排一些时间来整理。如果你打算在电脑上完成你的大部分工作，它至少应该像你的办公室一样整洁有序。

增加对挫折的耐受力：如果太快、太频繁地选择"下山工作"，可以通过提高对挫折的耐受力来提高专注度。面对艰巨任务的挑战，以及随之而来的负面情绪，你坚持的时间越长，效率就越高，完成项目和实现目标的可能性就越大。

第一步是要留意什么时候会有放弃的冲动。如果你对此能有感知，便可有意识地选择忽略这种冲动。你越是选择坚持艰巨的任务，你对挫折的耐受力就会变得越强，这是训练你专注度的好方法。但如何能做到对此有感知呢？没有什么比培养正念更有效的了。我们对自己的想法和情绪了解得越多，我们就越有可能注意到自己的焦虑、压力或其他容易分心的事情。根据法布里修斯（Fabritius）和汉斯（Hans）的说法，“正念训练已经被发现可以用来增强大脑的专注力，通过提高你忽视内部和外部干扰的能力，帮助你专注于当下正在发生的事情”。我发现写日记也有帮助，因为它能让我反思和分析自己的表现哪些有效，哪些无效。

丢掉隔离器：为自己的每一天负责，不仅具有挑战性，也可能让人恐惧。如果你整天都处于不断救火的状态，那么排除外界干扰的想法会让你感到困扰：**如果我不这么做，谁来扑灭这些火呢？**多年来我了解到，成功人士大多是周边人解决问题的依靠。而且，我们也知道，解决别人的问题实际上是允许他们将来给自己带来更多的问题。

如果你想全然地专注，就不能把一整天都花在处理别人的优先事项上，那永远不会让你实现对自己期许的结果。你也不可以让“下山工作”轻松地把你从实现目标所必须完成的高杠杆收益的工作中拖拽出来。

当我们谈论到此，请花点时间检查你的季度目标，你的“每周 3 大任务”以及你的“每天 3 大任务”对你都意味着什么？怎样才能在生活和事业中完成它们？根斯巴克的隔离器也许是一个聪明的发明，但你并不需要。现在你有能力战胜打断和干扰，没有什么能阻挡你追求对你最重要的项目和目标。

减少干扰的计划

现在，请使用本章中的策略和练习来制订你个性化的行动计划，以尽量减少一天中的干扰。在FreeToFocus. com/tools下载“专注防御工作表”。

你的第一个目标是消除打断。首先创建一个“激活触发器”。记住，这只是对你专注力的一个简单的提醒，及时帮助你实施积极主动的行动，就像在门口挂上一个“请勿打扰”的牌子一样。接下来，列出你认为可能会有的阻碍，然后根据“预期策略”，预先确定你的应对措施。

用以上相同的方法抵御干扰，当你成功掌握消除打断和干扰的方法之后，你就会有一个清晰的、可执行的策略，一劳永逸地驱逐时间的盗贼。

通往专注之路

业余演员坐等灵感出现，其他人则已起身、开始工作。

——斯蒂芬·金（Stephen King），作家、导演

1816年，弗朗西斯·罗纳德（Francis Ronalds）在自家后院的两根电线杆之间绕了8英里长的电线，他通过电线发送可即时接收和解码的字母信号。在罗纳德发明电报之前，信息只能在一定距离内以极其缓慢的速度传递。罗纳德给英国海军总部写信，告知他取得的非凡突破并期待将被热情接待。但很遗憾，一位官员回应说，政府不需要他的发明。根据历史学家伊恩·莫蒂默（Ian Mortimer）的解释："英国海军部相信，他们最近采用的信号系统，也就是人们互相挥舞旗帜，较电报更为优越。"难以置信吧？

嘲笑官员很容易，但我们也有可能会犯类似的基本错误。我们总是会高估当前的体系，抵制变革，即使变革能带

来即时的、改变生活的好处。我之所以讲这个故事，是因为现在的你同样面临选择：是选择一种新的、具有变革意义的方法来提高生产力，还是继续挥舞旗帜。旧有生产力方法已经把你我推向极限，一直沿着这条路奋进的我们早已焦头烂额，现在是时候另辟蹊径了。因罗纳德的发明掀起的那场通信革命至今仍在影响着我们。我希望你也加入这场生产力革命。

我们以一个不同寻常的“停下”开始本书之旅。当时我告诉你，最好的开始就是驻足，因为我确信在无关紧要的事情上你已花费了太多时间和精力。但那已是很久以前的事了，是在你学会明确生产力目标之前；是在你学会减少不必要的任务，不再浪费时间之前；是在你学会把所有学到的原则付诸行动之前。现在，让我们学以致用，共同推动这场新的生产力革命！

你的成功之路：越专注，越自由

从现在起，我们将描绘一条值得你自始至终遵循的成功之路。

1. 清除障碍：给自己留出一些时间余量以便实施本书提供的解决方案。对你的日程表分类，无论是什么样的安排，都要争取为自己夺回一些时间。如果你有助手，把他们也加入到这个体系中。

2. 设置基准： 使用我在本书开篇介绍的“生产力评估体系”来测评你的生产力基准。可以在 FreeToFocus. com/assessment 上搜索。

3. 明确目标： 明确生产力目标。生产力提升的意义是多做正确的事，而非盲目做更多的事。为高效而高效是南辕北辙的做法，迟早会让你的能量消耗殆尽。

4. 找到真北： 使用“任务过滤器”和“自由罗盘”来确定哪些任务适合你，哪些不适合。

5. 留有余量： 把早间、晚间和周末都留作恢复精力的时间，这样你将最大限度地获得专注所需要的身心能量补给。

6. 修剪多余： 用你的“自由罗盘”建立一个“非待办任务清单”，着手删除你日历和任务清单中所能删除的所有任务，无论是当下的还是将来的。

7. 停止思虑： 看看你的日常活动，尤其是早间、晚间、工作日开始和结束等时间段的活动。为这些时间段设定需要你履行的固定仪式，就像转动的轮子一样，即使你不再推它，它也会继续转动。然后，确定 3、4 个必要的任务或过程将其自动化，现在就去做。

8. 尽量卸载： 使用等级授权把任务分配给团队的其他成员。如果你没有团队，可以找自由职业者帮忙。你在自己的渴望区投入的时间越多，贡献就越大，也就是说，你越能从容支付授权的费用。

9. 计划“你的理想周”： 未来是模糊的，需为自己什么时候做什么事设定清晰界限，这是确保你能保有必要的空间、专注在你最重要的事情上的最好方法。

10. 设计你的一周和一天：使用“每周预览”，以及“每周3件大事”和“每天3件大事”，确保你的目标和关键项目日复一日地在正确的轨道上运行。

11. 避免打断和干扰：你的一天会因打断和干扰轻易偏离轨道，但这完全可以避免。你抗干扰的能力比你想象的要强大很多，请按照第9章的建议，主动出击、战胜它们。

虽然建立一套自己的系统需要一段时间，但你已收获了提升生产力的精髓。作为一名高成就人士，你不仅要迎接挑战，还应成为把握时机收获成果的专家。

保持正确航向

本书中的体系一经使用，将会为你注入持续的动力，即使有新的障碍和挑战出现。当然，这些挑战一定会出现，高成就人士就是要无惧困难，不断前行。握紧你的“自由罗盘”，让它指引你穿越迂回曲折，现在你应该已经知道如何使用这种导航工具了。当你面对提升生产力的阻碍时，只需回到体系的3个主要步骤：驻足思考、删除舍弃和付诸行动，它们就能帮助你快速修正航向，即使在你最繁忙的工作季，也能使你保持专注。

驻足思考：没有人能在忙乱中做出明智的决定。正确的做法应该是按下暂停键，离开办公桌，到外面散散步，睡个好觉，或者是去做任何对保持头脑清醒有帮助的事情。然后评估、反思你真正的目标，弄清楚它为什么重要，为了实现它，你需要对哪些策略做出必要的调整。

删除舍弃：诡异的是，你可能并不觉得自己有很多事情要做，但事实上太多的事情在等着你去完成。即使你已经实施了本书中的体系，任务清单也会不断蔓延，慢慢侵蚀着你的生产力。使用你在本书中所学到的，尽可能地删减、自动化和授权这些任务。

付诸行动：现在你已经有了清晰的路径，是时候行动了。开始行动即是战役的一半，因此，要弄懂那些赋予你敏锐动力的必要步骤。战役的另一半则是保持专注，打断和干扰会毁掉你付出的最大努力，所以，明确保持高度专注的策略，不管是关掉各种通知，还是在你的办公室门上挂一个“请勿打扰”的牌子。当你享有专注的自由时，你会惊奇地发现自己原来可以完成这么多的工作。

请记住赫伯特·西蒙（Herbert Simon）在本书开篇时所说的话：“信息会消耗接收者的注意力。”我们工作在专注力备受干扰的时代，专注力已是一种稀缺资源，几乎所有的人都试图掠夺和利用你的专注力。如果你毫无警觉，你将花费你最有价值的资源去实现他人的目标。

解决之道是将你的专注力倾注在那些能令你取得非凡成就的计划和项目上，就像本书指导你做的那样。同样重要的是，它还能让你最终能量充沛、行有余量。每周工作 40 小时（甚至更少）意味着你有足够的时间投入你最重要的人际关系、你的健康和爱好，以及所有让你保持敏锐和长期高效的事务之中。

请开始实施这些策略吧！开始掌控自己的日程表，把精力、能量集中在你最重要的事情上！开始在你的业务中推动一场生产力变革！开始真正享受事半功倍带来的硕果！

译后记

当下，专注力越来越受到企业和个人的广泛关注，并日渐成为一种稀缺资源和亟须提升的核心能力。这与 VUCA 时代体现为易变、不确定、复杂和模糊化的主要特性关系密切。行业之间、企业内外、生产者与消费者以及工作与生活的边界都在不断延伸、重构、交叠。时间越来越碎片化，节奏越来越快，信息量越来越大，自我管理越来越重要，也越来越困难。以前很容易做到的事情，现在却都需付出艰苦卓绝的自律才能实现。

随着近半个世纪以来信息技术的发展以及 ABC（AI、Big-data、Cloud）技术的兴起，迅猛的科技进步并没有让我们的时间更宽裕，步履更从容，多数情况下，企业与个人提升效率的想法、做法与结果亦南辕北辙。人类大脑赖以进行感知、记忆、思维等认知活动的专注力，被即时通信、应用程序、各种数据、各路来电、大量的邮件、频发的短信以及无数的突发事件轻易地干扰、打断而变得散乱，注意力难以集中。“信息的增长将会成为一种负担，会消耗接收者的注意力，导致专注力的缺乏。”诺贝尔经济学奖获得者、计算机和心理学教授赫伯特·西蒙早在 20 世纪 70 年代就曾提出的警示，今天不幸被言中。网络时代所推崇的**效率**和**即时至**

上让人忙碌而无序，非但难有实质性的回报，对身心健康的影响也在日益加剧。

本书作者迈克尔·海厄特先生，曾任托马斯·尼尔森出版社 CEO 兼总裁，是位成功的企业创始人和高管教练，被公认为是生产力、专注力领域方面的行业翘楚。他从自身经历和大量的案例中不断反思、研究、总结、提炼，历经数年、数千人的实践，创新性地形成了一套**生产力全面提升体系**，为努力奋进中的人们提供了另外一种选择：**即在身心健康，获得个人满足感和幸福感的同时，交付关键业绩、提升工作质量、达致公司效益**。正如《纽约时报》畅销书作家，丹·米勒的赞誉："这本书恢复了我们内心的平静，使得工作和生活更有价值。"

职场中的我们大都有过这样的经历：每天的工作接踵而至、应接不暇，忙到天昏地暗，到了夜晚却发现一天下来成效甚微，待办任务依然积压如山，关键业绩毫无实质推进，郁闷至极更加焦虑难安。人类生存最基本的需求、人体免疫力最重要的保障——充足的睡眠，不是被忽略，就是被视为懒惰。然而，即使这样殚精竭虑，据统计，"人们所做的工作中，约有一半未能推进所在公司的战略。换句话说，有一半的努力和时间的投入并没有给企业带来积极的结果"。试图以过往的惯性思维和方法来提高生产力，结果常常适得其反。作者比喻道："冀望通过不断延长工作时间来提升效率，就像小狗不停转圈追赶自己的尾巴，带来的只是身心俱疲的恶性循环。”《深度工作》的作者卡尔·纽波特亦持有相同的观点：**“忙碌本身没有任何意义，有意义的是始终坚持如一地执行真正重要的事情。”**然而，做正确的事并非易事。改变过往做事的思维习惯有着不易觉察的困难，尤其是过去的成功经验，往往左右着我们对人、对事、对物的态度和抉择。迈克尔·海厄特在书的开篇便以本人亲身经历的“窘事”向读者坦言，多年前，他也曾持有这样的观点，结果是在“魔镜”的反面跑得越快，离心中的梦想就越远。正是这样的经历，让他敏锐、果敢地打破传统、另辟蹊径。他发现，帮助一个企业或一个人脱颖而出的不是对效率的盲目追逐，对成功的误解误读，而是**可贵的自由**。把更多的时间还给你，**自由地去实现真正的梦想，这才是生产力提升的真谛！**

莎士比亚说：“一千个观众眼中有一千个哈姆雷特。”每个人都有自己的读书习惯，阅读的魅力正在于此，你需要自己走进书中和作者的灵魂相遇，去发现神奇、赢得共鸣、获得力量及学习方法。如何阅读本书，作者的建议是不跳过任何一个步骤，按照书中提供的理论、工具切实践行每一步。三大步骤，九级台阶，亦步亦趋，攀登上去，便是一览众山小的豁然开朗。作为译者，我们就这三大步骤做简要的概括，以期对您有所助益。

步骤一：驻足思考

迈克尔·海厄特先生特别提醒，开始之前，务必：**停下，思考和厘清自己的人生目标，明确自己在生活中真正想要的究竟是什么**。最美满的人生莫过于实现自己的梦想了，然而，不同的生命个体都有自己对美好生活的定义和实现路径的选择。在寻找和识别最适合自己生产力提升的工具和方法论前，知道了自己为何而工作，**规划、评估和恢复**这三个关键行动才能有的放矢。

步骤二：删除舍弃

所有成功的人都有迹可循。乔布斯深受日本禅宗大师乙川弘文的影响，推崇极简唯美的他，把专注做到了极致。面对同事、伙伴成百上千的创意，他说：**“我对我们做过的事情感到自豪，对那些我们决定不做的事情同样也感到自豪。”**同样，美国石油大亨洛克菲勒的座右铭是：“洛克菲勒对紧急事件采取不公平待遇。”老子亦有曰：“少则多，多则惑。”懂得取舍，方能成就。在这一步，**删除、自动化、授权**三个方法的统筹运用，使得我们把精力、时间专注地、深度地放在最重要的目标上成为可能。而我们也正是遵循了这样的理念，借助了相关的工具，保证了每天2至3小时的翻译时间，成为这套**生产力全面提升体系**在中国最早的实践者和受益者。历时数月、数次修改，在多项工作并举的情况下，得以专注、认真、如期地完成和交付。

步骤三：付诸行动

规划做得再好，不执行也无济于事。要有意识地养成良好的习惯，合理规划任务清单，确保每一项都有明确的优先次序和井然有序的标记，并建立清晰的回顾标准来保证方案的执行和改进。这一步骤的三个关键方法是整合、设计、主动，帮助我们找到自己最为专精的区域，即工作和生活中最重要的目标，积极主动、持之以恒地投入，以赢回时间和专注力。重新规划每周、每日行程，始终聚焦在自己最为“专精”的事情上，主动、有意识地排除打断与干扰，利用好每一天的每一个小时，你就能从每次的努力中获取最大的收获。

迈克尔·海厄特先生的这套**生产力全面提升体系**提供了翔实的案例和操作实施的工具，但没有任何一种能力和新的习惯是一蹴而就的。希望您立即起身，关掉不必要的即时通信和各种小程序、屏蔽垃圾邮件和纷杂的信息，跟随作者的【自由罗盘】，穿越毫无意义、效率低下的丛林，重新理解时间与效率，重拾工作的愉悦与自信，重获持续的能量与动力，重新修复免疫力，专注于自己的理想人生，**取得企业真正冀望的工作成果和个人向往的品质生活**。

人生无法倒叙，我们能够做到的无非就是以终为始，找到方向，心无旁骛专注于此，努力达致。企业的业绩、人生的意义，很大程度上是由我们投入有效的时间所决定，时间在哪儿，成就在哪儿。**“到最后，你的人生，不过是你曾专注所有事情的总和。”《深度专注力》**旨在帮助人们事半功倍地实现心中梦想。有意义的目标、专注的工作会使人能力增倍，我们非常坚信，本书简单有效的方法，定能助力您找回**当下最为稀缺的资源——深度专注力。**

在翻译的过程中，我们每当与作者感同身受时心有戚戚，偶得佳句时欣喜雀跃。期待您在阅读、实践中也能获得同样愉悦的感受，实质的回报。本书在翻译和校对过程中得到了多方的帮助和支持。在此感谢机械工业出版社编辑团队的校正、协助；感谢英文素养极高的旅美华人兰渊琴女士，我们的朋友唐绿意小姐、李祺安小姐给予的宝贵意见和对经典之处的润笔。尽管在翻译过程中，我们多番商榷、讨论，但水平有限，如有错误之处，敬请各位读者朋友不吝指正。

许芳、王漫

2020 年 2 月 10 日